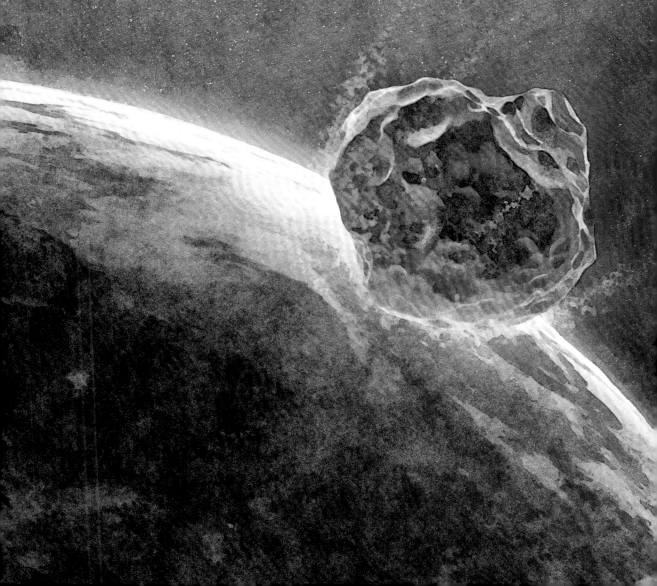

距今6600萬年前，
一顆巨大的隕石衝撞地球——

據說恐龍們
受此影響
而絕種消失。

如果隕石未曾撞上地球，
恐龍們並未絕跡的話，
牠們會演化成
什麼模樣呢？

這是一本關於
恐龍族群未曾滅絕並繼續演化的
「假想」圖鑑。

新　　恐　　龍

如果恐龍沒有滅絕的假想圖鑑

原作／道格爾‧狄克森　譯／陳姵君

The New Dinosaurs
an Alternative Evolution

Dougal Dixon

序 文

我們人類往往喜愛長得稀奇古怪的動物，我想各位讀者也是如此吧。

出現在本書中模樣稀奇古怪的動物，如今已不存在於地球上。然而，無論哪一種動物，其實或許都真實存在過。這是因為，如果恐龍未曾滅絕的話，說不定真的已經演化成本書所描繪的模樣。

若是6600萬年前，隕石並未撞上地球，而是從旁邊擦過的話——若地球未曾遭到來自外太空的毀滅性打擊，恐龍以及其他的各種巨型動物，應該還會持續繁盛下去吧。

如果牠們不曾滅絕並持續繁盛，應該會隨著地球表層的環境變化，歷經6600萬年的不斷演化，蛻變成不同於我們從化石推敲得知的模樣。

6600萬年間所產生的環境變遷相當劇烈。大陸原本就已逐漸分裂，但在這期間分裂的速度加快，彼此之間的距離愈來愈遠。同樣地，氣候與植被也發生巨大的變化，在以前的恐龍時代——中生代時不曾存在的遼闊草原大幅發展。氣候則開始變得寒冷，一直到進入最終冰河期（約7萬年前～1萬年前的冰河期）為止。

這些環境變遷的程度，大到讓無法適應的恐龍與其他巨型動物走上滅絕一途。而本書所介紹的動物，則具備了各種為求生存必要的適應機制。

本書還有另一項用意，那就是闡述「動物地理區」這項概念。

為何袋鼠會分布於澳洲草原，而不存在於非洲草原呢？樹獺為何只分布於南美的樹上，而不存在於北美的

樹上呢？這是因為地球的陸地大致分成6個動物地理區的緣故。

動物地理區是被海洋、山脈、沙漠等屏障區隔而成。在這亦被學者們稱為生物地理區的6個區域中，生活在此的生物們會依照各個區域完成各自的演化。因此，每一種生物皆具備不同的特徵，以適應各個區域的環境。

只要是在同一個時間軸，無論當時有何種動植物存在，這種地理分區的結果應該都是相同的。因此，本書以動物地理區的觀念，搭配未滅絕的恐龍之適應演化結果加以呈現。

最後還有一點。

有一說主張「恐龍以『鳥類』的形式，在6600萬年前的生物大滅絕中存活了下來」。然而，當時存在的鳥類，有許多物種都跟著恐龍一起絕種消失了。我們現在所看到的鳥類，是在6600萬年前大滅絕後，由劫後餘生的少數祖先之中演化而來。若是6600萬年前沒有發生隕石撞擊的話，鳥類應該會走上截然不同的演化歷史吧。

道格爾・狄克森

CONTENTS 目錄

序文 009

THE ETHIOPIAN REALM 014
衣索比亞界
—

食蜂龍／樹跳龍／朗克龍／弗拉普龍／
潛沙龍／蛇龍／阿貝力羅德斯龍／
泰坦巨龍／小阿貝力羅德斯龍／
小泰坦巨龍

THE PALAEARCTIC REALM 026
古北界
—

蟻龍／布里凱特龍／茲維姆獸／松毬龍／
金克斯龍／長毛鴕／搖擺鶲／
塔蘭特龍／戴巴力魯龍

THE NEARCTIC REALM 038
新北界
—

短跑龍／北爪龍／獨角龍／
巴拉克拉瓦龍／山躍龍／圈套龍／
施伏特龍／啄木龍／樹襲龍／長腳龍

THE NEOTROPICAL REALM 050
新熱帶界
—

穿山龍／水吞龍／金普龍／
鱗翅龍／甲殼龍／長鼻龍／
刀齒龍／格魯曼龍／迪普龍／哈里丹龍

THE ORIENTAL REALM 062
東洋界
—

拉賈潘龍／哈努漢龍／塔迪龍／鐵頭龍
樹蛇龍／弗拉里特龍／傘龍／格拉卜龍

THE AUSTRALASIAN REALM 072
澳新界
—
庫力布拉姆龍／袋龍／瓜瓦納龍／丁格姆龍／
裂紋喙龍／塔布龍／庫倫龍／溫德爾龍
椰爪龍／岸奔龍

THE OCEANS 084
海洋
—
翔龍／潛龍／沃克龍／
掠鳥龍／沛羅拉斯龍／克拉肯龍

［解說］
大滅絕 094
恐龍究竟是什麼？ 098
新演化樹 100
古地理 104
動物地理區 106
棲息地 108

作者後記 118
索引 122

[閱前提醒]

○ 各種「新恐龍」插圖旁所標示的[始祖]（被視為祖先的恐龍），只是列舉其中一個代表性物種，並不等於所有「新恐龍」的祖先皆為單一種類的恐龍。此外，同一種恐龍也會演化成不同的「新恐龍」。本文的說明內容與「始祖」部分的記載有出入時，是因為本文所標示的是整個種屬或分類群的名稱。

○ 新恐龍名字旁所標註的「食性」符號，只是簡單區分該物種比較接近「肉食性」還是「草食性」而已，實際上牠們的食性應該更為複雜。

○ 本書為了讓兒童更好閱讀，因此①解說盡量讓兒童也能輕鬆了解、②以方便兒童閱讀的文字大小、文字量來設計版面。因此有些部分會將原著的說明簡略或加以省略。

○ 譯文盡可能忠實呈現原著作者的想法、描述，但有些用語・註釋則代換成最新的研究成果。

○ 位於本書後半的「解說頁面（彩紙頁）」，在原著中安排於刊頭。這是為了讓孩子們更容易進入書中世界所做的調動。若想要先獲取相關知識與資訊再閱讀本書時，建議可先閱讀本書後半的解說頁面（彩紙頁）。

○ 配置於本書刊頭的彩頁是為了讓兒童更直觀地了解本書的主題概念，而在日文版新增的原創內容。

○ 本書的頁面排版不同於原著，為了讓兒童更好理解而有所更動。

○ 頻繁出現於本書中的「目前」、「如今」、「現在」等敘述，指的是本書所假設的「恐龍未曾滅絕的世界」中的此時此刻（也就是說，從現實的白堊紀末起6600萬年後）。不過，本書後半的解說頁面中則有部分例外。

○ 新恐龍名字上方的西文標示為「學名」。

設計： 　　　小酒井祥悟・真下拓人・久保悠香 Siun
刊頭插圖： 　齊藤幸延
圖版製作協力： 龜井敏夫
製作協力： 　ライツワールドエージェンシー
　　　　　　　（村田興宣／ Chris Braham）
編輯協力： 　高木直子、原鄉真里子

THE NEW DINOSAURS

新恐龍

如果恐龍沒有滅絕的假想圖鑑

* * *

現今地球上的大陸板塊位置與環境，是經過地球久遠的歷史與大氣循環逐漸形成的。而各個大陸·動物地理區則可看到各種充滿當地特色的生物相。從三疊紀至侏儸紀前期，地球上的大陸只有一塊超大陸盤古大陸，因此無論何處都呈現相同的生物相。

然而，自盤古大陸分裂之後，生物們在各個大陸完成了獨特的演化，因此才會在每個地區看見富含當地特色的生物相。數千萬年來處於孤立狀態下的動物地理區，則可以看到完全不同於其他動物地理區的生物相。另一方面，若為陸地相連的狀態，相鄰的動物地理區也會棲息著同樣的物種。

動物地理區是由熱帶森林、沙漠、凍原、冰蓋這4大區域，以及介於它們中間的自然環境所構成。現今動物地理區的環境，則是在進入新生代以後，尤其是在近200萬年反覆出現的冰河期與間冰期之中誕生的。

出現於三疊紀的恐龍與翼龍稱霸了整個中生代，十分興盛。進入侏儸紀後，鳥類自恐龍體系中分支出來，牠們一直到白堊紀初期都遍及全世界。鳥類，以及白堊紀末時沒有滅亡的恐龍與翼龍，進入新生代後則適應了新的環境。而其中有些物種的模樣與中生代時期的祖先大不相同。

大陸板塊的位置與其環境，讓恐龍們進行了各式各樣的演化。下一頁開始要帶大家看看，生活在世界各地的現代恐龍究竟是什麼模樣。

THE ETHIOPIAN REALM
衣索比亞界

* * *

衣索比亞大陸除了東北部以外全都環海，赤道以北則有遼闊的大沙漠分布。大沙漠的北側為古北界，古世界以南則全都屬於衣索比亞界。

三疊紀左右的衣索比亞大陸是南方的超大陸「岡瓦納大陸」的一部分，與北方的超大陸「勞亞大陸」相連，形成一塊巨大的超大陸「盤古大陸」。

勞亞大陸與岡瓦納大陸在侏儸紀初期開始分裂，在兩個大陸之間形成了廣闊的特提斯洋。岡瓦納大陸則在侏儸紀後期開始分裂，衣索比亞大陸則在白堊紀後期往北位移，特提斯洋因此消失。

位於衣索比亞大陸東南方的巨大島嶼為岡瓦納大陸分裂之際所產生的碎片，由於長久以來與其他陸地分隔的緣故，因此可以視為一個小小的動物地理區。

衣索比亞大陸東部有著南北走向的高大山脈，沿著這條山脈則分布著將衣索比亞大陸分裂成東西兩塊的巨型大地裂縫——東非大裂谷。

東非大裂谷的周邊可觀測到頻繁的火山與地震活動。東非大裂谷的北端沉入海裡，形成細長的海灣。位於衣索比亞大陸西側的山脈，是從前造成岡瓦納大陸分裂的東非大裂谷其東側邊緣的遺跡。衣索比亞大陸的其他部分，則由河川流經的平原與台地所組成。

在衣索比亞界，以赤道為中心的相異環境呈帶狀相連在一起。赤道所通過的大陸中央低地擁有遼闊的熱帶雨林，住著很多以各類果實與昆蟲為食的樹居型小動物。

熱帶雨林地帶的外圍則有一大片草原。這片區域只有雨季才會降雨，因此不太會生長樹木，形成了視野遼闊的草原與長有稀疏灌木的稀樹草原。在這樣的環境中，居住著腳很長的植食性恐龍，以及演化成陸生動物的翼龍等物種。

位於草原地帶外側、雨水特別稀少的地帶則有沙漠分布。恐龍們在如此嚴峻的沙漠地帶也順應了環境，能夠在無水的狀態下存活，外貌亦蛻變成適合挖洞生活的模樣。

位於衣索比亞界東邊的巨大島嶼上，擁有熱帶森林與開闊的林地，在岡瓦納大陸分裂以前便存在的動物們在此存活了下來。岡瓦納大陸分裂後，這座島嶼的環境並沒有太大的變化，因此動物們也不需要適應巨大的環境變遷。

*關於動物地理區的更多介紹，請參閱106頁（其他地區亦然）。

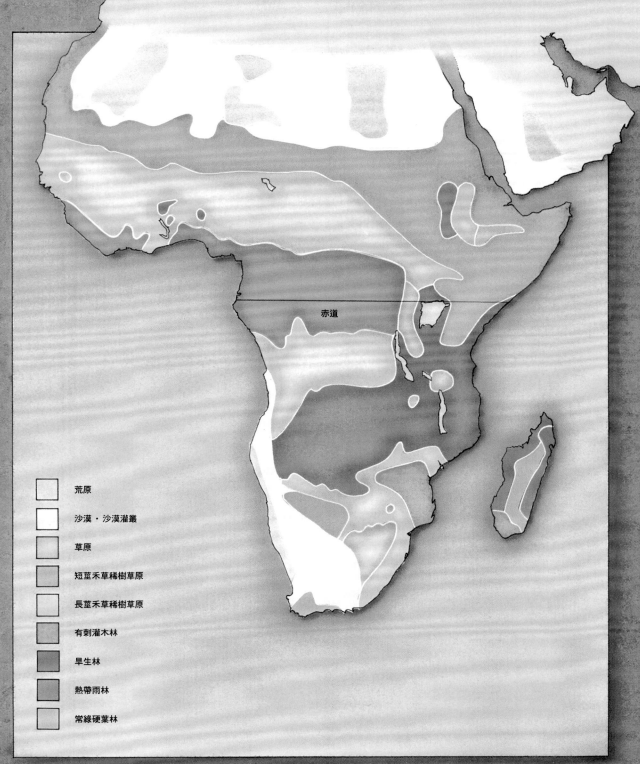

赤道

荒原

沙漠・沙漠灌叢

草原

短莖禾草稀樹草原

長莖禾草稀樹草原

有刺灌木林

旱生林

熱帶雨林

常綠硬葉林

Vespaphaga parma

食蜂龍
Waspeater

肉食性

　　食蜂龍是屬於在樹上生活的樹棲龍類的特殊物種，以蜂類和蟻類的同類為食。進入新近紀後，全世界開始發展出草原，森林因此受到切割，幾乎所有的食蜂龍物種都被留在衣索比亞界的熱帶林內。

　　食蜂龍的頎長指爪在爬樹或切開狩獵蜂巢穴時能發揮很大的作用。此外，包覆著頭部宛如盔甲的皮膚，再加上彷彿屋瓦般交相重疊的鱗片，讓牠就算被蜂螫也不會有大礙。

　　在衣索比亞界之外的熱帶林也能看見被遺留下來的食蜂龍同類。住在新熱帶界的穿山龍雖然不是與食蜂龍血緣相近的同類，卻因為平行演化而形成相似的模樣。所謂的平行演化，是指物種順應相同生活環境的結果，就算並非親緣相近的同類也會演變為相同的外貌。

[始祖]

似金翅鳥龍

食蜂龍發展出以蜂類和蟻類為食的習 →
性，因此外觀變得與祖先大不相同，也很
擅長吊掛在樹枝上。

←　食蜂龍的嘴部前
端為管狀結構，方便
牠直直搗進狩獵蜂的
巢穴。

樹跳龍的尾巴與祖先相同，皆高高翹起。這條尾巴能幫助牠們在枝枒間跳躍移動時保持平衡。頎長的手指與爪子則有助於抓握樹枝、捕捉蟲類。
↓

[始祖]

似金翅鳥龍

樹棲龍一族很不擅長在地面移動。若不得已必須來到地面時，會以蹦蹦跳的方式移動。
↓

Tropical rainforest　熱帶雨林

Arbrosaurus bernardi　　　　　　　　肉食性

樹跳龍
Tree Hopper

　　在被稱為樹棲龍類的族群當中，樹跳龍與食蜂龍都是從「似金翅鳥龍」這種原始的似鳥龍類經特化而來的物種。

　　大部分的樹棲龍一族，仍然保留著與祖先相同的體型，最大的不同之處在於肩部存在著鎖骨。獸腳類或鳥類原本長在左右兩側的2根鎖骨已經在中央融合成「叉骨」，而樹棲龍一族則再次讓這2根鎖骨演化，藉此發展出適合爬樹或攀越樹枝的有力手臂。巨大的腦部、朝向前方的大眼睛、布滿細齒的下顎，都是為了順應在樹上捕食蟲類的生活型態。

Herbafagus longicollum

草食性

朗克龍
Lank

[始祖]

神龍翼龍

　　朗克龍的眼睛接近頭頂，進食時就算整張臉埋入草叢裡，也能夠察覺到敵人靠近。

↓

　　進入新近紀後，世界各地出現了草原這種新環境。草中含有玻璃的微粒，進食時會導致動物們的牙齒不斷磨損，而且為了吸收草的養分，也必須具備複雜的消化系統。此外，在開闊的草原，為了能迅速逃離敵人的追擊，還必須擁有修長的腿腳。生活在新北界的恐龍們順利地適應了這樣的環境，不過在衣索比亞界能順應此環境的只有翼龍而已。

　　當草原開始大幅發展時，部分翼龍放棄飛行，轉而在陸地上生活，不過朗克龍的外型則蛻變得令人完全想不到其祖先曾經翱翔於空中。祖先的修長前腳在朗克龍身上完整保留下來，不過翅膀消失，後腳則變得與前腳一樣長。長頸、大頭、短身軀這部分看起來似乎與祖先沒兩樣，卻具備了吃草所需的身體構造。

　　原本用來支撐翼膜的無名指變成了支撐身體的蹄。此外，原本位於翅膀外緣的3隻小指頭，現在則用來梳理體毛。

↓

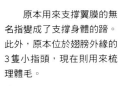

↑

　　朗克龍奔跑時，右前腳與右後腳、左前腳與左後腳會朝同一方向移動，否則長長的腳會絆在一起。

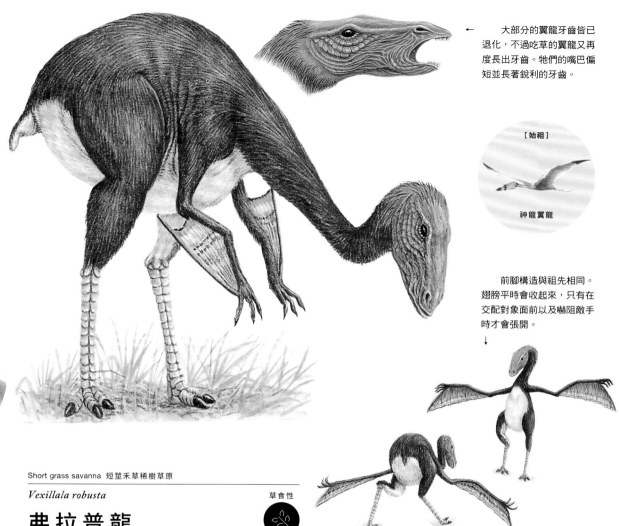

大部分的翼龍牙齒皆已退化，不過吃草的翼龍又再度長出牙齒。牠們的嘴巴偏短並長著銳利的牙齒。

[始祖]

神龍翼龍

前腳構造與祖先相同。翅膀平時會收起來，只有在交配對象面前以及嚇阻敵手時才會張開。

↓

Short grass savanna　短莖禾草稀樹草原

Vexillala robusta　　　　　　草食性

弗拉普龍
Flarp

生活在衣索比亞界稀樹草原的另一種翼龍，就是弗拉普龍。弗拉普龍介於翱翔空中的翼龍與朗克龍的演化中間階段，前腳還留有小小的翅膀。

弗拉普龍以接近草根的部分為食，朗克龍則是吃草穗與樹葉，因此彼此並不會因食物而起衝突。

弗普拉龍利用尖銳的門牙咬取貼近地面的草類，透過厚實的嘴唇與發達的臉頰仔細咀嚼。除此之外牠們還會進行反芻，將已經吞嚥至胃中消化的食物，倒流至口腔重新咀嚼，有效吸收草中所含的養分。

弗普拉龍會成群結隊，以十幾隻為單位在草原上到處奔跑，彼此炫耀紋路華麗的翅膀。白天的炎熱時段會坐在草蔭下，反芻已經吃下肚的食物。

Fususaurus foderus

肉食性

潛沙龍
Sandle

即使是在衣索比亞界廣闊的沙漠，像這樣的嚴峻環境之中還是有恐龍棲息。如似金翅鳥龍這類基礎的似鳥龍類，其子孫潛沙龍與蛇龍也順應了此環境，演化成獨特的型態。

由於沙漠的畫夜溫差相當大，為了在沙漠生存，必須保護身體免受白晝酷暑與夜晚刺骨嚴寒的摧殘。潛沙龍透過在地底挖洞築巢的方式，撐過這種極端的溫度變化。潛沙龍流線型的軀體不但相當便於潛入沙中，而且牠的眼睛與鼻子位於臉部上方，即便在身體埋入沙中的狀態下，也能確認地面的情況並進行呼吸。

要在沙漠生存，保持水分是非常重要的，潛沙龍的腎臟功能十分強大，吃下獵物肉塊所獲取的水分幾乎都能完整儲存下來。潛沙龍的唾液有毒，在追捕獵物時便能派上用場。

↑
從雙足爬行的祖先外貌演變至潛沙龍的體型，需要經過長期的演化過程。潛沙龍的手腳變得短而強韌，身體變成流線型，祖先所具備的羽毛則直接轉變為柔軟的毛皮。

[始祖]

似金翅鳥龍

蛇龍的頭部具有粗糙的 →
鱗片（Ａ）、腹部則有一整
排不會妨礙身體動作的條狀
鱗片（Ｂ）。臀部厚實的鱗
片（Ｃ）則是用來防範其他
從身後襲來的蛇龍。

[蛇龍]
A

B

［潛沙龍］

［始祖］

似金翅鳥龍

↑
潛沙龍以昆蟲、蠍子以及小型脊椎動物為食。牠們在捕食時只會將眼睛與鼻子露出地面靜靜等待，當獵物經過附近時便會從沙中竄出突襲。

C

蛇龍利用纖細體型與動作敏捷的優勢，將進入洞穴深處的獵物逼得無處可躲。獵物為擁有跳躍能力的小型哺乳類。

Desert and desert scrub 沙漠・沙漠灌叢

Vermisaurus perdebracchius

肉食性

蛇龍
Wyrm

　　蛇龍的身軀與脖子的長度相當長，前腳則完全退化消失。牠的頭部形狀也與潛沙龍一樣，方便在沙中挖掘前進。蛇龍會蠕動身體，用後腳踢沙，彷彿在沙中游泳般地移動。

　　起初在衣索比亞界北部沙漠完成演化的蛇龍，之後變得相當多元化，有的物種不自行挖洞而是利用小型哺乳類的巢穴，也有許多物種適應了沙漠以外的環境。在東洋界中，甚至還有活用細長的身軀游泳，以及在樹上生活的物種。現在仍住在衣索比亞界北部沙漠的蛇龍，會在沙中挖掘巢穴，在日出前或傍晚時分捕食小型哺乳類或爬蟲類維生。

　　蛇龍在演化過程中為了讓身體變得更細，其中一個腎臟已經退化。但即便如此，牠仍與潛沙龍一樣，只需透過獵物的肉塊就能儲備水分。

Abelisauroides modernus

肉食性

阿貝力羅德斯龍
Megalosaur

強烈日光被無數的枝葉遮蔽，無法直達熱帶叢林的地表。羽翼巨大的翼龍進入不了這個樹木叢生的空間，形成了各種鳥類爭鳴的世界。方才還互相高呼、叫得起勁的鳥兒們突然安靜下來，森林頓時籠罩在一片寂靜之中。阿貝力羅德斯龍從樹下的草叢中起身，在靜悄悄的森林內，緩步前往幾天前所獵殺的獵物陳屍處。

阿貝力羅德斯龍所棲息的這座巨大島嶼，漂浮於衣索比亞大陸東岸的海上。這座島嶼到目前為止長期與其他大陸分隔，因而在此生活的生物仍具備過往岡瓦納大陸的特徵。

棲息於這座島嶼的阿貝力羅德斯龍，為白堊紀在岡瓦納大陸興盛的阿貝力龍類的殘存物種，其模樣與前肢較長的祖先幾乎沒有兩樣。現在的阿貝力羅德斯龍全長約為 8～10m，會單獨或以小團體徘徊於森林中，襲擊大型的植食動物。當牠上了年紀、動作變得遲緩後，則是撿拾年輕阿貝力羅德斯龍吃剩的屍骸度日。

[始祖]

阿貝力龍類
（阿貝力羅德斯龍）

阿貝力羅德斯龍將原 →
始的獸腳類外型傳承至現在。銳利的牙齒與前腳厚重的鉤爪能壓制並撕裂獵物，再以後腳的爪子補上致命一擊。

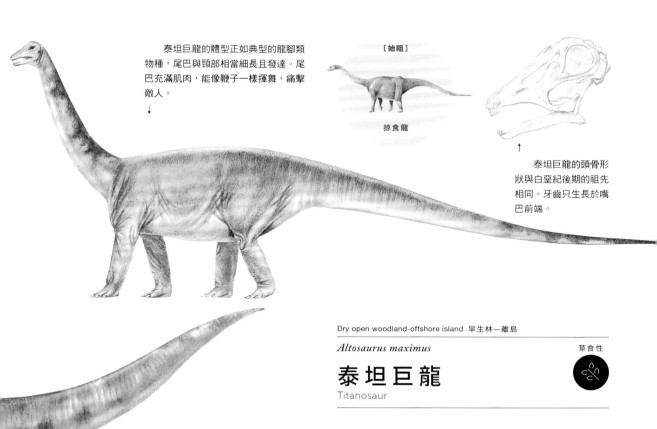

泰坦巨龍的體型正如典型的龍腳類物種，尾巴與頸部相當細長且發達。尾巴充滿肌肉，能像鞭子一樣揮舞，痛擊敵人。
↓

[始祖]

掠食龍

泰坦巨龍的頭骨形狀與白堊紀後期的祖先相同。牙齒只生長於嘴巴前端。
↑

Dry open woodland-offshore island 旱生林—離島

Altosaurus maximus　　　　　　　　　草食性

泰坦巨龍
Titanosaur

這座島嶼有好幾種龍腳類的物種棲息，其中體型最大的就是泰坦巨龍，體長18m，抬起脖子時的高度可達6m。外型正如典型的泰坦巨龍類，看起來很雄壯，但幾乎所有骨骼的內部皆為空洞，因此實際體重比目測還要輕很多。

泰坦巨龍會組成很大的群體在森林中移動，吃遍樹木的嫩芽、新葉與莖部。也因為這樣，在這座島嶼內的樹木，高度位於6m以下的範圍永遠都是光禿禿的。泰坦巨龍利用嘴巴前端的牙齒摘取食物後，不會進行咀嚼，而是直接送入砂囊。砂囊內裝滿了小小的碎石，食物會在這裡被磨得粉碎後再送入胃裡。砂囊內的小石頭磨損速度相當快，因此泰坦巨龍會吐出小石頭再吞入新的小石頭。這座島內處處可見牠們吐出來的石頭，堆積得像小山一樣。

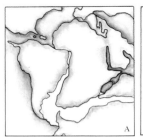

位於衣索比亞大陸東邊的巨大島嶼，是在白堊紀前期從岡瓦納大陸分裂而來（A），直到現在的1億年間，在地球上的位置幾乎不曾發生變化（B），環境也未曾改變。岡瓦納大陸分裂之際所遺留下來的生物，也得以維持原樣繼續存活。

Abelisauroides nanus

肉食性

小阿貝力羅德斯龍

Dwarf Megalosaur

→ 小泰坦巨龍的頭很大，脖子與手腳纖細，尾巴偏短。在這個地區內，有各種相異的物種分別棲息於4座大島中。

　　海鳥們正在沙灘上四處啄食被沖上岸的海藻或屍骸。當其中一隻來到岩石旁的瞬間，突然衝出了一隻小恐龍，海鳥在轉眼間變成了牠的食物。這位獵食者雖然全長只有3m左右，屬於小型物種，卻是阿貝力羅德斯龍的近親。

　　岡瓦納大陸分裂後，衣索比亞大陸以及後來與東洋界合併的小型大陸持續分裂，大陸的碎片在兩者之間的

海洋上形成了島嶼群。阿貝力羅德斯龍與泰坦巨龍所居住的巨大島嶼東北方分布著許多小島，綿延1000km。自岡瓦納大陸殘存下來的生物們，則將身體變得小型以適應食糧有限的小島環境。

　　小阿貝力羅德斯龍的體型就像是纖細的虛骨龍類一般，牠們不只以小型恐龍為食，還會獵捕海鳥這類動作敏捷的小動物。

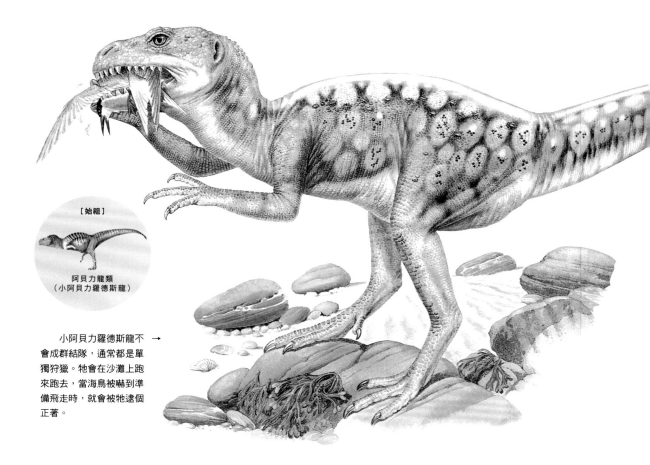

[始祖]

阿貝力龍類
（小阿貝力羅德斯龍）

小阿貝力羅德斯龍不 →
會成群結隊，通常都是單獨狩獵。牠會在沙灘上跑來跑去，當海鳥被嚇到準備飛走時，就會被牠逮個正著。

[始祖]

掠食龍

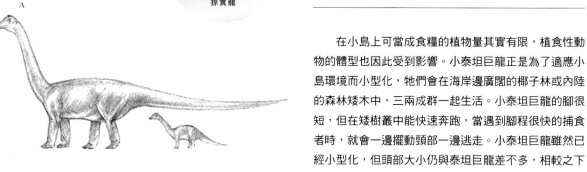

A

B

← 植食性小型種的體型為
大型種的5分之1（A）；肉
食性則是3分之1（B）。肉
食性動物還能捕食海鳥，不
像植食性動物能吃的食物相
當有限。

Temperate forest-ocean islands　溫帶林—海洋島嶼群

Virgultasaurus minimus

草食性

小泰坦巨龍
Dwarf Titanosaur

　　在小島上可當成食糧的植物量其實有限，植食性動
物的體型也因此受到影響。小泰坦巨龍正是為了適應小
島環境而小型化，牠們會在海岸邊廣闊的椰子林或內陸
的森林矮木中，三兩成群一起生活。小泰坦巨龍的腳很
短，但在矮樹叢中能快速奔跑，當遇到腳程很快的捕食
者時，就會一邊擺動頸部一邊逃走。小泰坦巨龍雖然已
經小型化，但頭部大小仍與泰坦巨龍差不多，相較之下
頭部就顯得十分龐大。

　　在世界各地的島嶼，其實都可以看到為了適應食糧
有限的環境而小型化的生物。在沒有捕食者環伺的島嶼
上，也有些已經無須逃跑躲藏的小動物演化成了壯碩的
大型動物。

THE PALAEARCTIC REALM

古北界

* * *

古北界是規模最大的動物地理區,包含了地球最大的大陸。大陸面積東西廣達1萬7000km,南北長達7000km。

這座大陸原本佔了勞亞大陸的一半,另一半的大陸則形成了新北界,勞亞大陸分裂後,東側仍不斷反覆接合、分離。位於大陸南方的特提斯洋,因為與岡瓦納大陸分裂後北上的巨型大陸島衝撞而消失,但此時形成了一座巨大的山脈,成為與東洋界的邊界。大陸西南部則隔著特提斯洋殘留的內海,與衣索比亞大陸陸地相連,衣索比亞大陸的北緣部分皆含括於古北界。

位於與東洋界交界處的山脈,以及環繞著內海(古北界與衣索比亞大陸之間)的山脈,就地質學而言,都是很近期才形成的。另一方面,坐落於西北部巨大半島的山脈,以及縱貫大陸南北的平緩山脈,則是在盤古大陸時期便形成的古老山脈。

古北界的氣候帶為東西向平行排列,最北部是連綿不絕的凍原地帶,緊接著南方有針葉林帶延伸,再往南則是遠離海洋的大陸中央地帶,有遼闊的乾燥草原與沙漠分布。接近海岸的地區受到潮濕海風的影響,氣候較內陸地區穩定。這些地區則有落葉林分布。

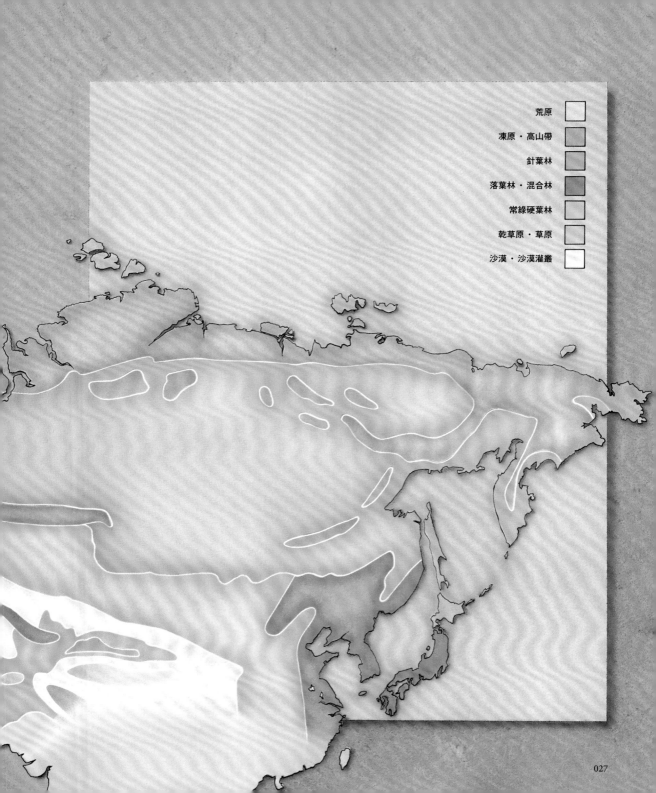

荒原　　　　　　□

凍原・高山帶　　□

針葉林　　　　　□

落葉林・混合林　■

常綠硬葉林　　　□

乾草原・草原　　□

沙漠・沙漠灌叢　□

Formisaura delacasa

草食性

蟻龍
Gestalt

古北界的恐龍當中，生態最為獨特的就屬蟻龍。蟻龍為了在冰河期這種長期缺乏食物的環境中生存下來，採取某種手段將極少量的食物發揮到最大效用，發展出蟻類般的真社會性。

蟻龍的群體就如同蟻類的群體般，會有一位專司繁殖的女王。其他個體則分工合作，負責收集食物與保衛巢穴，確實收集稀少的食物，並防止被其他動物奪走。這項戰略在冰河期已經結束的現在依然很管用。

蟻龍與其祖先「平頭龍」不同，蟻龍只有雄性的頭部才有「盔甲」。自「盔甲」延伸而出的突起含有劇毒，意圖攻擊巢穴的捕食者若是被刺到，一下子就會失去招架之力。

當群體的成員增加時，成年的雄龍與雌龍就會組成小團體獨立，開始築起新的巢穴。在古北界溫暖地區的河畔，便可以看見蟻龍成排的圓錐形巢穴。

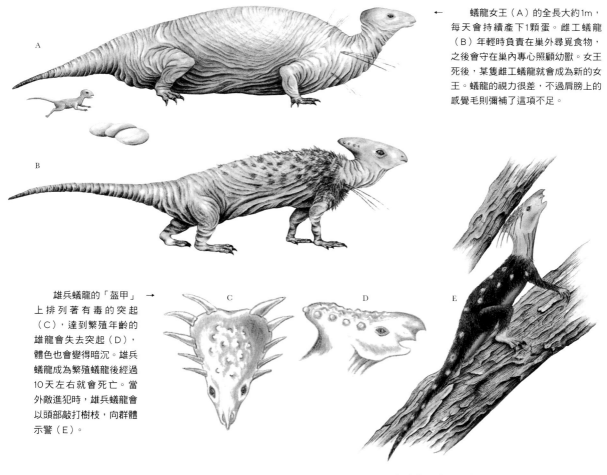

← 蟻龍女王（Ａ）的全長大約1m，每天會持續產下1顆蛋。雌工蟻龍（Ｂ）年輕時負責在巢外尋覓食物，之後會守在巢內專心照顧幼獸。女王死後，某隻雌工蟻龍就會成為新的女王。蟻龍的視力很差，不過肩膀上的感覺毛則彌補了這項不足。

雄兵蟻龍的「盔甲」→上排列著有毒的突起（Ｃ），達到繁殖年齡的雄龍會失去突起（Ｄ），體色也會變得暗沉。雄兵蟻龍成為繁殖蟻龍後經過10天左右就會死亡。當外敵進犯時，雄兵蟻龍會以頭部敲打樹枝，向群體示警（Ｅ）。

築巢與修補巢穴為雌蟻
龍的工作。巢穴是利用樹枝
與莖蓋成草皮屋，並且會將
生長於川邊、樹幹傾斜的樹
木包裹在其中。巢穴內部有
許多隔間，並有通道連接各
個隔間。每個群體的巢穴內
部配置基本上都一樣。
↓

[始祖]

平頭龍

←　產房（F）為了吸收陽
光保持溫暖，會位於巢穴的
最頂端，下方則是女王的房
間（G）與育嬰室（H）。
廁所（I）則設在河川的正
上方。食物儲藏室（J）緊
接著樹幹，樹枝的部分則有
6座預備儲藏室（K）。出
入口沿著樹幹設置，並設有
逃生口。

蟻龍在春天採花蕾、夏
天採嫩芽、秋天則以果實或
種子為食。雌蟻龍會接力搬
運食物，雄蟻龍則負責守衛
周圍。
↓

Rubusaurus petasus

布里凱特龍
Bricket

草食性

構成古北界的大陸西北部為廣闊的落葉林帶。鄰接海洋的這個地區，多雨又溫暖，春夏秋冬四季分明。

棲息於這個環境的代表性恐龍，就是隸屬於小型鴨嘴龍類的布里凱特龍。布里凱特龍除了全身有體毛包覆、後腿變細之外，外觀看起來幾乎與白堊紀的鴨嘴龍類沒有區別。長著中空頭冠的鴨嘴龍類從白堊紀開始便一直生活在這個地區，布里凱特龍則是相對近期才從大陸北部移居至此的物種。布里凱特龍會形成小型的群體，在矮樹叢中生活。白天休息，清晨與傍晚時分會開始尋找賴以維生的樹木果實。雌雄兩方皆擁有碩大的頭冠，除了在秋季的交配期用來求愛外，在撥開矮樹叢時也相當方便。

[始祖]

龍櫛龍

布里凱特龍透過尾巴根部能靈活做出許多較大的動作。吃高處樹枝上的芽時可用來支撐身體（A），發現捕食者時則可作為向同伴示警的信號（B）。
↓

A

B

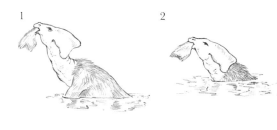

1

2

3

4

↑

在矮樹叢中生活的動物，往往容易沾染上蝨子或跳蚤等寄生蟲。全身上下充滿了寄生蟲的布里凱特龍會先撿起其他動物脫落的皮毛，再叼著這塊皮毛（1），倒退著進入河川（2），緩緩地將整個身體浸入河水裡，只有鼻子露出水面。寄生蟲會隨即從布里凱特龍的身軀往頸部、頭部移動，最後集結於皮毛上。布里凱特龍見狀會將皮毛丟棄（3）爬上岸。許多完成淨身儀式的布里凱特龍會很亢奮，甚至開始進行交配。河川下流則有茲維姆獸等待著流下來的毛皮，準備吃掉皮毛上的寄生蟲（4）。

Naremys platycaudus

肉食性

茲 維 姆 獸
Zwim

　　哺乳類在中生代時，不斷讓耳朵的構造與繁殖型態進化，但即使進入到了新生代，其外觀從三疊紀開始一直都沒什麼改變。其中，完成了有趣特殊演化的就是茲維姆獸。

　　茲維姆獸為食蟲性的水生哺乳類，全長只有30cm左右，尾巴卻佔了一半以上的比例。利用這條長長的尾巴與後腳的蹼，牠能夠在水中自在地游泳。茲維姆獸的鼻子與視力極佳，能夠找出藏身於河畔落葉下或河底的蟲。牠們大多住在古北界落葉林帶的河岸洞穴內，牙齒銳利，唾液含毒，能用來保護自身安全。

　　茲維姆獸具有社會性，通常同一個地點會分布著十幾個巢穴。許多茲維姆獸會聚集在布里凱特龍泡泥浴的地方，撿拾被甩落的寄生蟲。

[始祖]

重褶齒蝟

←　布里凱特龍的頭冠可用來撥開矮樹叢，苗條的體型正適合穿梭於林木間。牠的體色與矮樹叢融為一體，不但不顯眼，即使出了矮樹叢也會立即消失在森林深處。

茲維姆獸的體型為典型的哺乳　→類，但牠能透過後腳的蹼與扁平的尾巴大展泳技。眼睛很大，無論是在陸地還是水中都能看得很清楚。

Strobofagus borealis

草食性

松毬龍
Coneater

分布於古北界北部的廣大針葉林帶，是地球上最大的森林。這座針葉林帶橫貫了大陸，隔著海洋不斷延伸至新北界的北部。

針葉林內的樹木會長出松毬狀的果實，而以此為食的就是此地區唯一的大型植食性動物——松毬龍。

松毬龍為侏儸紀時代的鹽都龍近親，不過牠們與祖先不同，牠們會在皮下累積肥厚的脂肪，以代替祖先的羽毛對抗嚴寒。松毬龍會形成小團體，主要以松毬或種子為食，冬季則是以樹皮、松葉、苔類、地衣維生，有時甚至會奪取小動物儲藏的種子來吃。

A

[始祖]

鹽都龍

松毬龍會以十幾隻為單位過著群體生活。滿是皺褶的肥厚脂肪包覆著身軀，即使是酷寒的冬季也能安然撐過。牠們會用喙咬下樹枝或松毬（上圖A），並利用口腔深處的牙齒磨碎。

↓

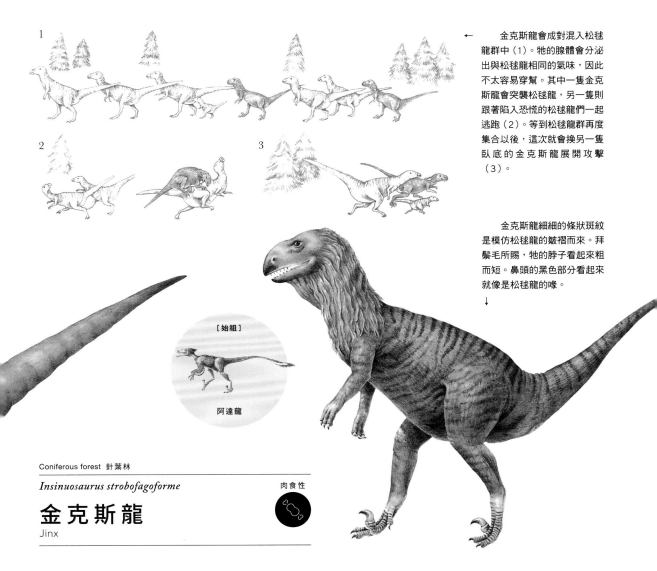

金克斯龍會成對混入松毬龍群中（1）。牠的腺體會分泌出與松毬龍相同的氣味，因此不太容易穿幫。其中一隻金克斯龍會突襲松毬龍，另一隻則跟著陷入恐慌的松毬龍們一起逃跑（2）。等到松毬龍群再度集合以後，這次就會換另一隻臥底的金克斯龍展開攻擊（3）。

金克斯龍細細的條狀斑紋是模仿松毬龍的皺褶而來。拜鬃毛所賜，牠的脖子看起來粗而短。鼻頭的黑色部分看起來就像是松毬龍的喙。
↓

[始祖]

阿達龍

Coniferous forest　針葉林

Insinuosaurus strobofagoforme

肉食性

金 克 斯 龍
Jinx

　　針葉林能取得的食物，無論是種類還是數量都很貧瘠。也因為這樣，只有一小部分的動物能在這片區域棲息，而這些動物全都具有獨特的特徵。

　　金克斯龍是只吃松毬龍的捕食者，也因此進化出了各種身體特徵。金克斯龍為近似鳥類的馳龍類，其祖先阿達龍等，乍看之下就像稜齒龍般，擁有類似原始鳥盤類的體型。

　　金克斯龍的外觀如果去掉獸腳類特有的構造，其實與松毬龍十分相似。牠的口腔中藏著密密麻麻的牙齒用來撕裂肉塊，手指只有3根，由於無須消化植物，軀體不算龐大。此外，其腿部的構造僅見於馳龍類與傷齒龍類，與鳥盤類截然不同。金克斯龍不只體型上酷似松毬龍，連體色也相當接近，就算混入松毬龍群中也完全不會被發現。

Gravornis borealis

草食性

長毛鴕
Tromble

　　針葉林帶再往北側，是一大片荒涼的凍原地帶。這裡的環境過於嚴寒，甚至無法讓針葉林生長，只能長出低矮的草類、苔類與地衣而已。在漫長的冬季裡，太陽不會昇起的期間短則1週，長則1個月以上，因此完全無法孕育植物。當冬季結束，太陽終於開始昇起之後，雪才會融化，植物開始一齊進入成長階段。在針葉林帶過冬的動物們則會開始北上，回到凍原地帶度過短暫的夏季。

　　長毛鴕是在冰河期出現的巨大陸生鳥類，也是在凍原地帶度過夏天的動物當中體型最大的。比恐龍更加耐寒的鳥類，也能順應凍原地帶的嚴峻環境。在這個地區沒有陸生的捕食者，因此還可以看到其他數種陸生鳥類棲息。

←　　長毛鴕利用寬喙摘取植物後，會透過砂囊磨碎。小石頭會因為霜柱而浮出地表，因此要找到囤放於砂囊內的小石頭輕而易舉。進入初夏的繁殖期後，雄長毛鴕的臉上就會長出裝飾性的亮麗羽毛。

　　長毛鴕的巨大身軀正好　→
能在嚴寒地帶保持體溫。特別是在針葉林帶過寒冬的期間，長得茂密的長羽毛有助於禦寒。

Adescator rotundus

草食性

搖擺鷸
Whiffle

[始祖]

鹽都龍

← 長毛駝身高 3m，腿粗如樹幹，牠們會組成一個大群體，在融雪後濕漉漉的凍原上行走，直到無法再北上後便會產卵。卵會立刻孵化，雛鳥也能立刻跟著群體移動。

[始祖]

鹽都龍

這個地區有好幾種搖擺鷸存在，不過每個物種都很相似。為了不讓體溫散失，牠們皆具備圓圓的身軀、短短的脖子。牠們用細長的雙腿在溼地上來回走動，並利用長長的喙來尋覓蟲類。
↓

　　凍原地帶在短暫的夏季期間不只會有植物生長，還會產生大量的昆蟲。蚊、蚋以及石蛾會一大群黑壓壓的從水邊傾巢而出；彈尾蟲與蚉子也紛紛聚集到苔類與地衣上。因此，在夏季期間可以看見鳥兒成群在水邊上方盤旋的樣子。

　　在凍原地帶捕食蟲子的鳥類當中，也有放棄飛行專吃地上蟲類的物種。屬於陸生動物的搖擺鷸會組成一個大團體，跟著長毛駝的群體到處跑，被長毛駝踩踏過的地面會有昆蟲驚慌出逃，搖擺鷸便隨後捕食這些逃出來的昆蟲。

　　長毛駝因為身軀龐大的緣故，會吸引許多蒼蠅或跳蚤等寄生蟲。不光只是長毛駝腳下的蟲類，附著在長毛駝身上的寄生蟲也成了搖擺鷸絕佳的食物來源。

← 搖擺鷸的長喙同時也是精密的感應器，因此入睡的時候會將其埋入羽翼豐厚的胸前加以保護。與凍原地帶的其他多數動物一樣，搖擺鷸也棲息於新北界的高緯度地帶。

Herbasaurus armatus

草食性

塔蘭特龍
Taranter

針葉林帶南邊的內陸區廣泛分布著寒冷的草原地帶。緊鄰針葉林帶的南方，土壤偏黑、營養豐富，形成一大片稱為「乾草原（Steppe）」的草原。更南邊的土壤則偏紅而乾燥。再往南則是遍布流沙、堅硬黏土、岩石的荒原，並不斷延伸至與東洋界交界的山脈地帶。

乾草原內有很多穴居性的小型哺乳類棲息，因為地們會挖洞築巢的緣故，土地經常被翻動。春天時各種顏色的百花爭妍，進入夏季後禾本科的植物便會結穗。

草原地帶中占地最為廣大的乾草原內，除了裝甲龍類的塔蘭特龍外，還棲息著各式各樣的草食動物。裝甲龍可分為具有巨型棘刺的結節龍類，以及帶有尾槌的甲龍類，目前可見的裝甲龍幾乎都是甲龍類。

塔蘭特龍的祖先從白堊紀後期開始在此地生活，為順應蓬勃發展的乾草原，牙齒經過演化，變得能夠吃禾本科植物。塔蘭特龍的裝甲與祖先一樣，都是由長在皮膚內的骨頭與厚角質組成，從鼻頭到尾巴皆包覆著這層硬殼。

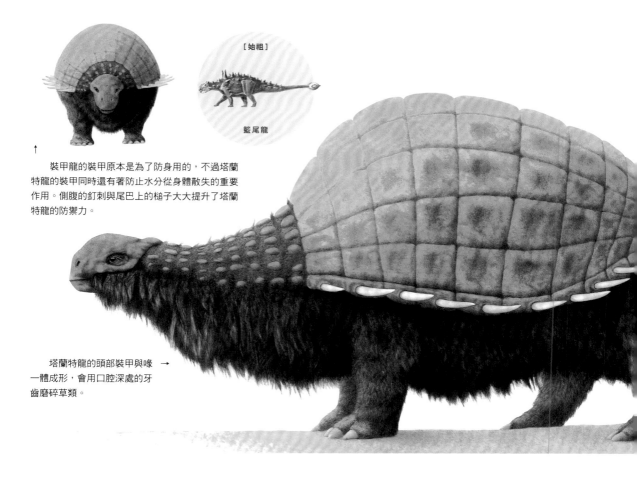

[始祖]

籃尾龍

↑
裝甲龍的裝甲原本是為了防身用的，不過塔蘭特龍的裝甲同時還有著防止水分從身體散失的重要作用。側腹的釘刺與尾巴上的槌子大大提升了塔蘭特龍的防禦力。

塔蘭特龍的頭部裝甲與喙 →
一體成形，會用口腔深處的牙齒磨碎草類。

Harenacurrerus velocipes

草食性

戴巴力魯龍
Debaril

從乾草原一路往南，位於古北界南端的遼闊沙漠是地球上最為嚴峻的環境。白天時陽光灼熱，夜晚時冰寒刺骨，狂風橫掃大地。只有春天與秋天才會降下微量的雨水，植物只在此時生長。住在此地的植食性動物幾乎都如蜥蜴般為變溫動物。由於牠們的代謝率很低，不太會消化熱量，因此能夠在植物生長的時期大量進食以囤積能量。恆溫動物則是只在日出與傍晚活動。

此地為數稀少的恆溫植食性動物就是戴巴力魯龍，戴巴力魯龍固定在日出與傍晚時分活動，以植物的根或種子為食。牠可以在體內有效率地儲存水分，會在土中挖築巢穴生活。

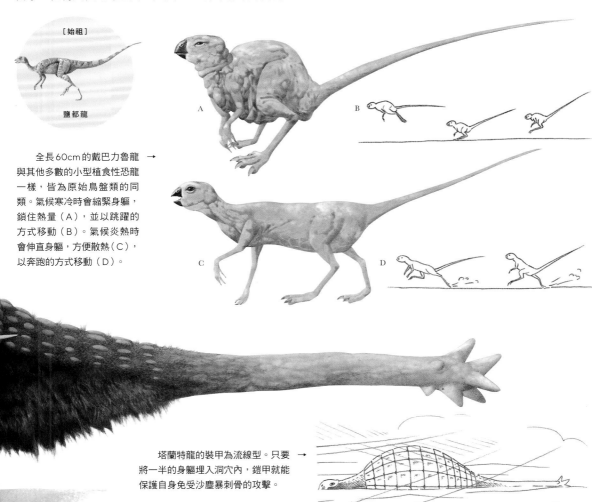

[始祖]

鹽都龍

全長60cm的戴巴力魯龍 →
與其他多數的小型植食性恐龍一樣，皆為原始鳥盤類的同類。氣候寒冷時會縮緊身軀，鎖住熱量（A），並以跳躍的方式移動（B）。氣候炎熱時會伸直身軀，方便散熱（C），以奔跑的方式移動（D）。

A

B

C

D

塔蘭特龍的裝甲為流線型。只要 →
將一半的身軀埋入洞穴內，鎧甲就能保護自身免受沙塵暴刺骨的攻擊。

THE NEARCTIC REALM

新北界

* * *

新北界由大陸與東北部的島嶼所組成，整體幾乎呈現三角形。從南邊的沙漠地帶到北邊的北極圈，可以看見各式各樣的環境，其中範圍最大的則是被冰河包覆的山脈與擁有冰山的極圈地區。

隨著愈往南方移動，生物的數量也逐漸增加，來到大陸寬度最寬廣的5000km處。從這裡再往南方，大陸的面積便急遽變窄，經過沙漠遍布的陸橋後一路延伸至新熱帶界。

這塊大陸從前是勞亞大陸的西側部分，在超大陸盤古大陸的時代，相當於勞亞大陸與岡瓦納大陸的相接處。由於分別形成衣索比亞界與新熱帶界的大陸分裂的緣故，形成新北界的大陸周圍誕生了新的海洋。

新北界的西端與古北界的東端隔著既淺又窄的海峽。這片海峽過去曾數次變成陸地，每次變成陸地時，就會與古北界之間的生物相產生交流。新北界與新熱帶界之間也曾經數度因產生陸橋而有生物相的交流，之後又分割開來。

新北界的西側有新時代的山脈，東側有古時候的山脈，在兩者之間則廣泛分布著被草原覆蓋的平原。因板塊運動所形成的西側山脈如今仍然在持續隆起，地震與火山活動十分頻繁。

大陸的東北部到處都裸露著數億年前形成的岩石，這些岩石大部分都沉入海中，變成無數的島嶼。平原的南半部則有巨大的河川橫貫，注入大陸南部的海灣。

新北界包含了冰天雪地及灼熱酷暑等各式各樣的氣候。東北部的巨大島嶼在冰河期已經結束的現在，依舊被厚重的大陸冰河覆蓋著，其周邊則為凍原地帶。假使新北界與古北界之間有陸橋連接，如此嚴峻的環境應該也會對生物的往來造成阻礙吧。

凍原的南方為遼闊的針葉林帶，隔著海洋呈帶狀一路延伸至古北界的針葉林帶。其南側為落葉林帶，不斷綿延至大陸東部的古老山脈。

大陸西側的3分之1為縱貫南北綿延相連的山脈，其間則有沙漠或草原分布。在其東側，也就是巨大河川橫貫的平原上，則有一大片溫帶草原。河川的四周高草叢生，不過愈接近西邊的山脈，土地就變得愈高，氣候變得更加乾燥，只會長出稀疏的矮草。有巨大河川流抵海洋的大陸東南端低漥地帶，則可以看見適應了水畔環境的特殊恐龍物種棲息於此。

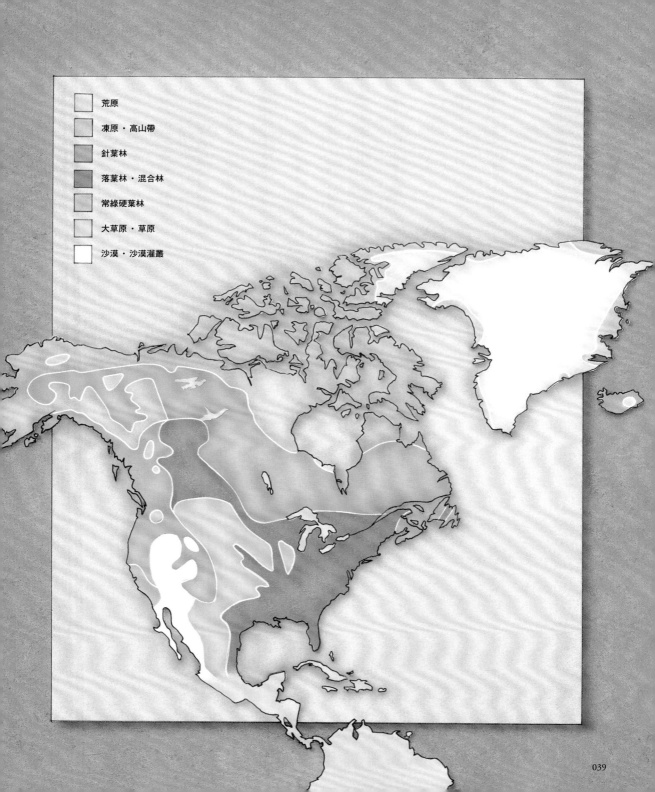

荒原

凍原・高山帶

針葉林

落葉林・混合林

常綠硬葉林

大草原・草原

沙漠・沙漠灌叢

039

Family sprintsauridae

草食性

短跑龍
Sprintosaur

在坐落於大陸中央地帶的平原中,數量最多的草食恐龍就是從鴨嘴龍類演化而來的短跑龍類。與鴨嘴龍類一樣,短跑龍類也可以分為「無頭冠」與「有頭冠」的類型。

有頭冠的物種棲息於大陸西部的高地草原,以仙人掌下的草叢或矮草為食。到了繁殖期的晚上,雄龍與雌龍會將中空的頭冠當成管樂器般鳴奏,彼此唱和。這個

中空的構造還有另一項作用,能在乾燥的空氣進入肺部前,透過黏膜賦予濕氣滋潤。

有頭冠的物種為副櫛龍一族的子孫,但無頭冠的物種則是埃德蒙頓龍一族的子孫。短跑龍的喙與下顎、牙齒的構造,幾乎原原本本地承襲自祖先。由於不再以樹葉為食,再加上必須在開闊的環境中迅速逃離捕食者,牠們的四肢變得纖細以方便移動。此外牠們的臉部變長,即使將頭埋入草叢中也能監視周遭的情況。

由於短跑龍已完全變成四足步行的緣故,便不再需要尾巴來保持平衡。有頭冠物種的尾巴已經退化,無頭冠物種為了方便在草長得很高的草原內傳遞信息,尾巴變成了旗竿。無論哪一個物種都會在草原中成群行動。

← 無頭冠的短跑龍類擁有旗竿般的尾巴,流經平原的廣闊河川所形成的氾濫平原是牠們的棲息地。牠們會成群結隊有紀律地行動,在高草叢生的草原中,看起來就像豎立於草上的旗竿在擺動而已。牠們遭到捕食者攻擊時會分散開來。捕食者往往會因為大量的旗竿而不知所措。

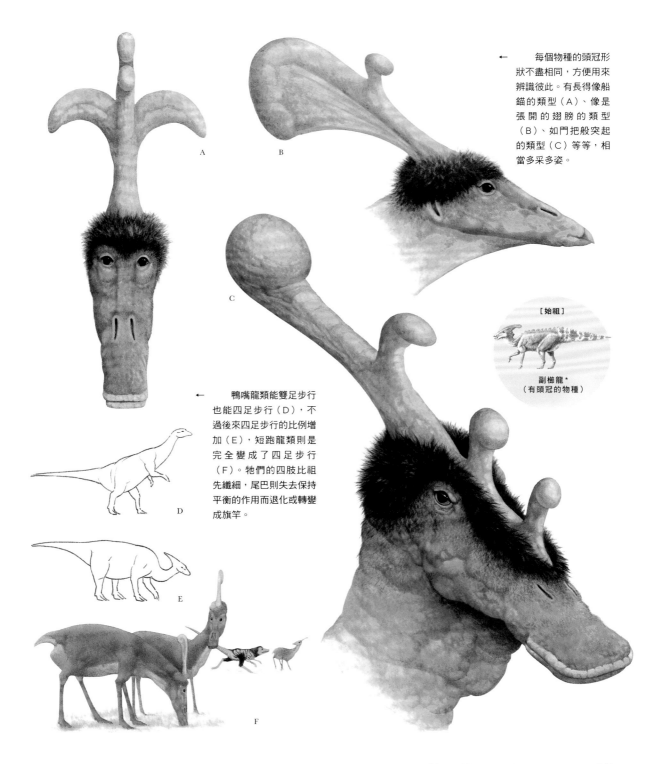

A

B

← 每個物種的頭冠形狀不盡相同，方便用來辨識彼此。有長得像船錨的類型（A）、像是張開的翅膀的類型（B）、如門把般突起的類型（C）等等，相當多采多姿。

C

[始祖]

副櫛龍＊
（有頭冠的物種）

← 鴨嘴龍類能雙足步行也能四足步行（D），不過後來四足步行的比例增加（E），短跑龍類則是完全變成了四足步行（F）。牠們的四肢比祖先纖細，尾巴則失去保持平衡的作用而退化或轉變成旗竿。

D

E

F

＊沒有頭冠的物種祖先是鴨龍（Anatosaurus）。　041

Monuncus cursus

肉食性

北爪龍
Northclaw

北爪龍能悄無聲息地行走於草叢中。牠身上的條紋與已經變黃的草叢融為一體，任誰都不會察覺到可怕的捕食者就隱身於草叢內。短跑龍還一派悠哉地嚼著草，而北爪龍則緩緩地、逐步接近短跑龍群。

突然間，環顧周遭的雄短跑龍發現了躲在草叢中的敵人，就在牠發出如喇叭般的警告聲響後，短跑龍群急忙往四面八方逃竄。

北爪龍自草叢內一躍而出，衝向速度比較慢的短跑龍。而當牠追上不知該往哪個方向逃跑而磨磨蹭蹭的年輕短跑龍時，牠倏地伸出右手，用長指爪抓住對方，使短跑龍摔個四腳朝天。

在漫天沙塵與斷草飛舞當中，北爪龍再加上致命的一擊，撕開了獵物的腹部，隨後開始進食。

[始祖]

懶爪龍

↑

北爪龍是鐮刀龍類的子孫，但動作比祖先更為敏捷，以肉類為食。承襲自祖先的長指爪只剩右手1根而已。

Monocornus occidentalis 草食性

獨角龍
Monocorn

不光只有短跑龍類會在大草原（Prairie）吃草，這裡也住著其他體格魁梧的大型草食動物。有一團黑黝黝的龐大群體，正一邊連根拔起地吃著草一邊移動。

巨大的獨角龍是如今在新北界依舊十分繁盛的角龍之一。獨角龍的外貌看起來與祖先蒙大拿角龍極為不

同，但基本上身體的結構幾乎沒有改變，這個外觀的差異反映於獨角龍的生態上。獨角龍群會連根吃光所有的草類，為了尋找食物必須經常轉移陣地，因此，牠的四肢變得比祖先細長。

獨角龍的頭部表面沒有堅硬的鱗片，而是包覆著與角融為一體的厚重角質。鼻子上方的角則是強而有力的武器。

目前在古北界所能看見的幾種角龍類，都是進入新生代後移居至此的物種，而非白堊紀後期物種的子孫。

[始祖]

蒙大拿角龍

雄龍在爭奪群體中的首領寶座時，為了避免傷及對方，會以長長的襟毛來進行角力，而不是用角。 →

Nivesaurus yetiforme

草食性

巴拉克拉瓦龍
Balaclav

[始祖]

奇異龍

　　佔了大陸西側３分之１的山脈，是進入白堊紀後期才開始形成的。這片土地在侏儸紀時為稀樹草原，白堊紀時則是濕潤的森林，如今卻成了被冰河與霜雪覆蓋、遍地岩石的山脈。巴拉克拉瓦龍的大小與祖先奇異龍相同，但為了順應嚴寒的氣候，尾巴變短，整體體型縮小許多。承襲自祖先的體毛變得更濃密，全身有豐厚的皮下脂肪包覆，以隔絕寒冷。

↑
　　巴拉克拉瓦龍會在山脈的山頂附近，以家族為單位生活。這樣的地方只有苔類或是地衣這種貧瘠的食物，但他們還是過得下去。

←
　　尾巴的寬廣尾羽以及分得很開的腳趾，能在冰凍的雪地上發揮支撐身體的功用。長長的指爪用來挖雪，喙與平爪則用來刮落苔類進食。

↑
山躍龍能迅速地在山頂或是山稜線上移動。在岩地跳來跳去時，會利用尾巴保持平衡。

[始祖]

阿瓦拉慈龍類

Tundra and alpine　凍原・高山帶

Montanus saltus

肉食性

山躍龍
Mountain Leaper

　　虛骨龍類的智能是為了適應各種環境而逐漸發達起來的。為了在天寒地凍的雪原或岩地追捕鳥類或小型哺乳類來吃，山躍龍大大的腦袋具備了迅速的判斷力。其體型與祖先一樣，未曾改變，豐厚的羽毛擁有絕佳的保溫效果，即使在酷寒的山頂也能維持體溫。山躍龍從頭部到腰部雖然只有1m左右，但相當長的尾巴、細瘦的雙腳再加上長長的體毛，讓牠們看起來比實際大很多。牠們會形成小群體，由雄性負責狩獵。

↑
不外出獵食時，雄性的山躍龍會巡視群體的周圍。因為天氣好時牠們會在開闊的斜坡上做日光浴，但此時很容易遭鳥類或翼龍襲擊。

圈套龍在現生恐龍當中是最
狡詐的，牠們繼承了其祖先——
白堊紀當時擁有最高智能的恐龍
的特徵。牠們會運用高智力，有
效率地進行狩獵。

［始祖］

蜥鳥龍

Necrosimulacrum avilaqueum

肉食性

圈套龍
Springe

　　生活於新北界南部廣闊三角洲地帶的圈套龍，體型
與大小皆與白堊紀的蜥鳥龍祖先相同，但頭骨的左右幅
度變寬，腦部比祖先更大。牠的腳趾頭與祖先一樣，第
二趾上具有巨大的鉤爪，能用來刺死獵物。

　　圈套龍裸露在外的皮膚，在藍白色之中又帶有粉紅
色，加上沒有光澤顯得黯沉的體毛，使牠的外表看起來
非常詭異。

1

2

↑

　　圈套龍善用其相當高的智能，會裝死來捕捉
獵物。牠們會拱起頭部與尾巴仰躺在水邊的泥土
上，佯裝後腳僵硬，並將腹部隆起露出屍斑色，
甚至還能夠發出屍臭味（1）。等到鳥類或翼龍
以為是屍體而前來覓食時，便伸出鉤爪一舉成擒
（2）。

清晨與傍晚時，可以看見 →
在開闊溼地或湖泊上空盤旋的
鳥類或翼龍群。由於施伏特龍
的翅膀很長，即使從遠方也能
輕易與鳥類做出區別。

［始祖］

翼手龍

Mixed woodland-wetlands 混合林—溼地

Pterocolum rubicundum

肉食性

施 伏 特 龍
Sift

　　構成新北界的大陸，其南岸至西南岸擁有遼闊的海
岸線，三角洲、溼地以及風平浪靜的海灣連綿不絕。這
個地區溫暖多濕，有許多種動植物棲息於此。其中鳥類
和翼龍特別多，有吃水草的、會潛水捕魚的、在泥淖中
啄取小動物的，形形色色好不熱鬧。

　　施伏特龍的後肢很長，會用雙足在水畔到處走動。
牠們會在較淺的岸邊成群結隊，在水畔走動時會將頎長
的翅膀摺疊收起。牠們不光只在飛行時使用翅膀，狩獵
時也會派上用場。打開翅膀時能防止陽光直接照射到水
面，減少因反射而看不清水面的情況。牠們以住在泥漿
中的昆蟲或甲殼類為主食，也能夠利用長在細長下顎的
梳狀細齒，過濾漂浮於水中的藻類食用。

↑
　　施伏特龍會在三角洲地帶
較淺的水邊，吃著小動物或植
物。利用牠細長的下顎，捕捉
蝦、沙蠶以及小魚。

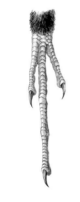

Reminsidius jacksoni　　　　　　　　　　肉食性

樹襲龍
Treepounce

　　與其他大陸一樣，新北界的森林內也有為數眾多的樹棲龍類存在。有像啄木龍般吃蟲的物種，或是吃果實的物種，也有像樹襲龍般的肉食性物種。樹襲龍從頭部到腰部的長度為70cm，體型比其他物種更大，因此不太能敏捷地在樹枝上走動。樹襲龍身上彷彿陽光透過樹葉灑落的毛皮斑紋與守株待兔的戰略，替牠們彌補了這項弱點。

↑
啄木龍的細長手指甚至與手臂一樣長。牠們就是靠著這根長長的手指戳入洞內、挖出幼蟲。

[始祖]

纖手龍

Picusaurus terebradens　　　　　　　　　肉食性

啄木龍
Nauger

　　啄木龍只以樹中的甲蟲幼蟲為食，牠的下巴利於在樹幹鑿洞，細長的指頭則便於從洞中挖出幼蟲。在樹上鑿洞時，會用後腳與尾巴牢牢支撐著身體。

　　假如恐龍在中生代就滅絕的話，樹棲龍類的生態棲位應該就被鳥類取代了吧。屆時世上應該會有具備強韌喙部、長著能挖出蟲類長舌的鳥來取代啄木龍吧。

啄木龍向外突出的 →
巨大牙齒，能彼此互相支援發揮作用。最前端的牙齒用來啄木，當磨損或斷裂時，後方的牙齒就會伸長取而代之。啄木龍頸部的骨骼相當堅韌，能支撐啄木用的厚重頸部肌肉。

[始祖]

似鳥龍

樹襲龍在狩獵時主要仰賴聽覺,因此耳朵十分發達,牠的耳洞周圍長著能夠收集聲響的細長絨毛。這也是小型哺乳類身上常見的特徵。

↓

Deciduous and mixed woodland 落葉林・混合林

Currerus elegans

肉食性

長腳龍

Footle

森林中有很多吃蟲的小型樹棲龍存在。以地面或是樹上的昆蟲為食的物種,具有短而強健的下顎;而必須翻找土中的幼蟲或是蚯蚓來吃的物種,則具備細長的下顎。除了頭部之外,牠們的外觀都長得很相似。

長腳龍是擁有典型細長下顎的小型樹棲龍類,全長50cm左右,其中有一大半都是長長的尾巴。牠的體重相當輕,動作也很輕盈。

[始祖]

似鳥龍

← 長腳龍會用牠長長的腳在枝幹上奔馳,並在樹枝間跳躍穿梭。牠的腳趾十分細長,能牢牢抓住樹枝前端。新北界的森林中棲息著各種長腳龍。

THE NEOTROPICAL REALM

新熱帶界

* * *

新熱帶界幾乎由單一的大陸所構成，西北部則有狹窄的陸橋連接新北界。這座大陸跨越了赤道，南北延伸 8000km，範圍從北半球的熱帶區直到南極圈。赤道往南一些就是大陸幅度最寬的部分，寬達 5500km。大陸的最南端有零星島嶼分布，一路連接至南極大陸。由於南極大陸只有極少數的動物生存，因此不被視為獨立的動物地理區。

構成新熱帶界的大陸原本是岡瓦納大陸這座超大陸的一部分，東海岸的形狀與白堊紀時分裂的衣索比亞大陸西海岸一模一樣。這座大陸在與構成新北界的大陸分裂的過程中，交界處頻繁地發生地殼變動。

因此，新熱帶界與新北界的交界處，經常發生許多島嶼或陸橋形成後，又沉入海面下的情況。目前在交界處的西側有著與新北界連接的陸橋，東側則有火山群島。

位於大陸東邊的古老山脈，是過去從衣索比亞大陸分裂之際所形成的東非大裂谷的西肩部。

沿著西海岸連綿不絕的山脈，是板塊運動所造成的新山脈，至今仍在頻繁地隆起，沿著這一帶也可以看見火山。

我們可以將連接新熱帶界與新北界的陸橋，視為這座山脈的末端部分。低地中有 2 條巨大的河川，其中一條河川在全世界的河川當中，擁有最大的流域面積。

新熱帶界的範圍中，北部幾乎屬於熱帶環境，被熱帶雨林覆蓋著，降雨量非常豐沛，生長出數千種樹木，並有各式各樣的樹居型動物棲息於此。地面也有形形色色的昆蟲，以及以這些昆蟲為食的動物存在。

大陸南部廣大的草原被稱為彭巴草原，橫跨熱帶、溫帶與寒帶。由於長期以來新熱帶界都與世隔絕，因此彭巴草原棲息著獨自完成演化的恐龍。

然而，在有陸橋串聯起新北界的現在，這些恐龍已經滅絕了大半，取而代之的是來自新北界的恐龍子孫。

連接新北界的陸橋為大陸西側山脈的一部分。因此，遷移至新熱帶界的新北界動物們，過去全都生活在山岳地帶。

其中有一些物種順利適應了新熱帶界的森林與草原環境。在西側的山脈則有世界上最大的翼龍棲息著。

在大陸的南部，沿著西海岸分布的山脈東側可以看見沙漠。

赤道

荒原

熱帶雨林

草原・森林稀樹草原

草原

落葉林・混合林

常綠硬葉林

沙漠・沙漠灌叢

針葉林

Filarumura tuburosta

肉食性

穿山龍
Pangaloon

穿山龍的身體長滿鱗片，不過這些鱗片卻與原始恐龍身上所覆蓋的鱗片明顯不同。這是體毛結合成板狀後，層層疊合而成的鱗片。在最原始的恐龍當中出現了鱗片轉變為羽毛的物種，接著進入新生代後，羽毛又轉變成毛皮。

然後在具備毛皮的恐龍當中，則又出現了體毛轉化成鱗片的物種。

在原本以白蟻等為食的阿瓦拉慈龍類中，經過特化的物種就是穿山龍。進入新生代後大為繁盛的蟻類成為了穿山龍的最佳食物，原本長滿成排牙齒的長下顎轉變成長管狀的嘴巴。由體毛轉化而成的鱗片，能牢牢保護身體不受蟻群的攻擊。口腔當中則有著表面黏呼呼且伸縮自如的長舌頭。穿山龍會將管狀嘴巴插入蟻窩內，再利用舌頭捕食蟻類。在牠前腳的中指上長有巨大的鉤爪，能用來破壞蟻塚。位於臉部上方的鼻孔能夠閉合以防止蟻類入侵。

A

→ 穿山龍會將黏呼呼的舌頭伸進蟻窩內（A）。密實疊合的板狀鱗片，不只對蟻類有用，還能抵禦捕食者。牠尾巴的形狀變得像船槳般（B），能捲收至身體下方保護柔軟的腹部。

［始祖］

阿瓦拉慈龍類

B

Fluvisaurus hauristus

草食性

水吞龍
Watergulp

　　流經新熱帶界的巨大河川，有無數的小河川匯流進來，在這些地區則住著各式各樣的水生生物。由於森林無邊無際，就連河川邊也籠罩在綠蔭之下。

　　以河川植物為食的動物當中，體型較大的就屬祖先為稜齒龍、體長2.5m的水吞龍。祖先纖細的後腿在水吞龍身上轉變成鰭狀，用來在水中保持身體穩定。前腳的腳趾則與祖先相同，維持能夠自由活動的狀態。水吞龍會利用2根爪子挖出長在河底泥中的植物根部。原本祖先身上竿狀的堅硬尾巴，為了在游泳時能產生推進力，轉變成了柔軟寬廣的鰭狀尾巴。

[始祖]

稜齒龍

為了防止身體擅自浮出水面，水吞龍的肋骨結構相當厚重。為了調整浮力，有時還會吞下石頭。
↓

↑
後腳與尾巴為鰭狀。眼睛與鼻子位於頭部上方，寬闊的喙部則能切下水草食用。住在水吞龍體表的寄生、共生動物，則以附著在其側腹的藻類或隨著泥土漂起的小生物為食。

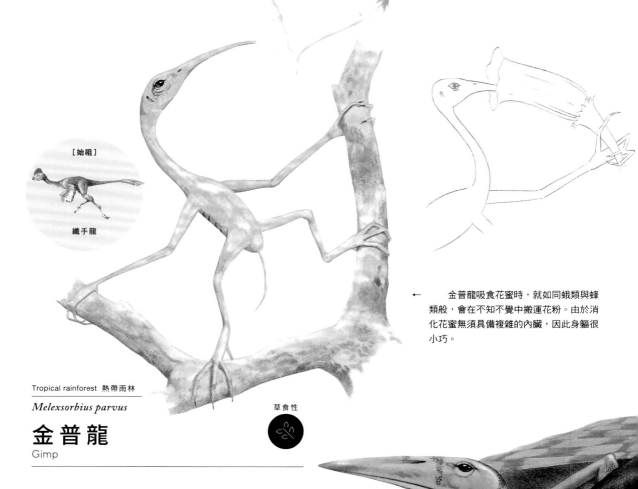

[始祖]

纖手龍

金普龍吸食花蜜時，就如同蛾類與蜂類般，會在不知不覺中搬運花粉。由於消化花蜜無須具備複雜的內臟，因此身軀很小巧。

Tropical rainforest　熱帶雨林

Melexsorbius parvus

金 普 龍
Gimp

草食性

新熱帶界的森林與赤道周邊的其他熱帶林相同，是成千上萬種生物的棲息地。由於氣溫總是很高，再加上每天降雨的緣故，在這個狹窄的地區有多達數百種的樹木茂密生長。在通風良好的樹梢上，則有各式各樣的樹棲龍類為了捕食昆蟲而齊聚一堂。這些新熱帶界的樹居型動物，一般而言體型會比其他地區的樹居型動物還要更小。

在樹棲龍類當中，也有些物種已經不再吃蟲。全長未滿20cm的金普龍只吃花蜜維生。牠內含伸縮型長舌的管狀嘴巴與穿山龍十分相似。承襲自纖手龍的喙則是經過長久的時間演化成管狀的嘴巴。

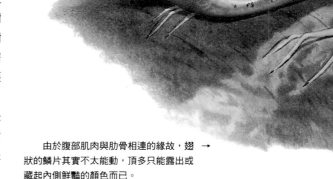

由於腹部肌肉與肋骨相連的緣故，翅狀的鱗片其實不太能動，頂多只能露出或藏起內側鮮豔的顏色而已。

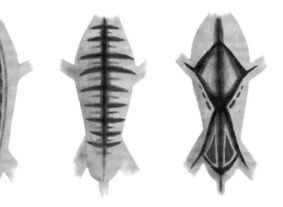

↑

金普龍所吃的花蜜隨物種而有所不同，每個物種的嘴部形狀也有些微的差異。背上的斑紋則能一眼看出物種之間的差別。

Pennasaurus volans

草食性

鱗翅龍
Scaly Glider

　　具有飛行能力的鱗翅龍，是除了侏儸紀出現過的鳥類以外，在近3億年的恐龍歷史中體型最小的物種。為了捕食從新生代開始大量繁殖的蝴蝶，這種恐龍適應了在空中滑翔的生活。牠們會滑翔到停留在花朵上的蝶類身旁，敏捷地利用尖嘴捉住蝴蝶，並當場消化完畢。

　　熱帶林的樹枝大小不一，錯綜複雜，因此動物們能在樹枝與樹枝間飛越穿梭。在這樣的環境下，具有滑翔能力的動物便很容易演化。鱗翅龍會利用身體左右兩側突出的翅狀鱗片滑翔，在樹皮上休息時，這個鱗片還能發揮保護色的作用。鱗片表面的色調略顯暗淡，不過內側的色彩相當鮮豔。

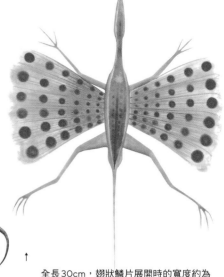

［始祖］

蜥蜴類

↑

全長30cm，翅狀鱗片展開時的寬度約為25cm，在恐龍當中是體型最小而且最輕量的物種。

Turtosaurus armatus

草食性

甲殼龍
Turtosaur

白堊紀末，世界各地都有泰坦巨龍類的龍腳類物種棲息。現在仍有泰坦巨龍類存活下來，不過那只限鴨嘴龍類沒有踏足崛起的地區。

接近白堊紀的尾聲時，新熱帶界也被來自新北界的鴨嘴龍類入侵，但牠們在新熱帶界並無法在數量上取勝，獲得支配地位。

泰坦巨龍類是龍腳類中唯一使裝甲發達的族群。其中在新熱帶界，為了對抗自新近紀便不斷入侵的肉食動物，出現了發展出媲美裝甲龍般厚重裝甲的物種。甲殼龍就是其中的代表，牠從鼻頭至尾巴末端皆覆蓋著堅固的裝甲。

甲殼龍的牙齒已退化，轉而透過嘴巴前端變得尖銳的裝甲邊緣來割草進食。

【 龍腳類的演化 】

龍腳類的大小十分多元，尤其是進入白堊紀之後，出現了許多全長長達十幾公尺的物種。進入新生代之後，出現在彭巴草原的纖細型龍腳類，擁有相當快的腳程。

為了支撐因為裝甲而變重的體重，甲殼龍的肩胛骨與骨盆變得很大。沒有裝甲的部分則會利用蹲下的方式進行防禦。

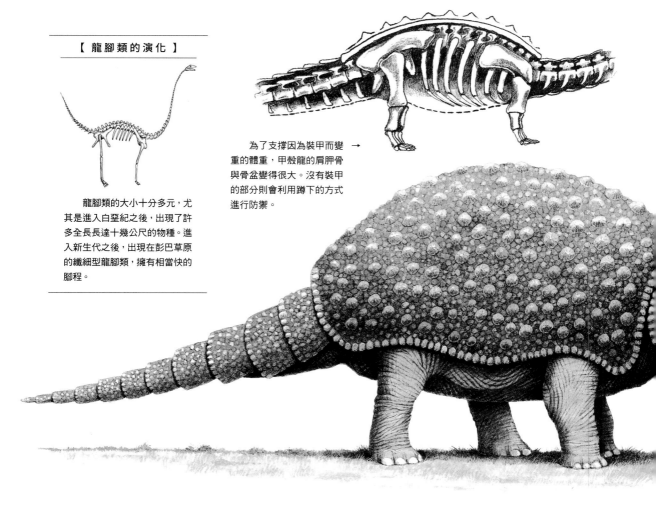

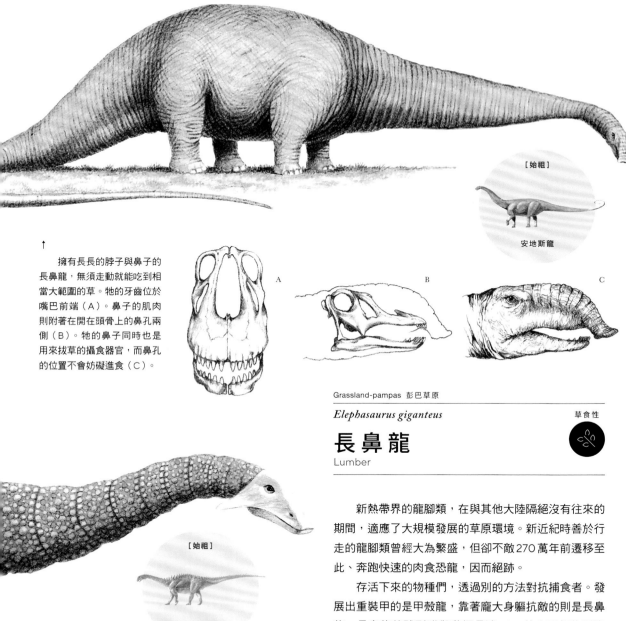

擁有長長的脖子與鼻子的長鼻龍，無須走動就能吃到相當大範圍的草。牠的牙齒位於嘴巴前端（A）。鼻子的肌肉則附著在開在頭骨上的鼻孔兩側（B）。牠的鼻子同時也是用來拔草的攝食器官，而鼻孔的位置不會妨礙進食（C）。

[始祖]
安地斯龍

[始祖]
薩爾塔龍

Grassland-pampas 彭巴草原

Elephasaurus giganteus

草食性

長鼻龍

Lumber

　　新熱帶界的龍腳類，在與其他大陸隔絕沒有往來的期間，適應了大規模發展的草原環境。新近紀時善於行走的龍腳類曾經大為繁盛，但卻不敵270萬年前遷移至此、奔跑快速的肉食恐龍，因而絕跡。

　　存活下來的物種們，透過別的方法對抗捕食者。發展出重裝甲的是甲殼龍，靠著龐大身軀抗敵的則是長鼻龍。長鼻龍的體型雖與動輒長達40m的白堊紀物種沒得比，但全長25m的長鼻龍仍是現生恐龍中最大型的物種之一。牠的皮膚既厚又硬，大部分的獸腳類都不敢靠近。

Caedosaurus gladiadens

肉食性

刀齒龍
Cutlasstooth

270萬年前，新熱帶界與新北界因火山群島而串連起來後，許多生物從新北界入侵了新熱帶界。新熱帶界在這之前長期處於孤立狀態，除了草原範圍變大以外，並沒有發生特別的環境變化。因此，新熱帶界的生物們甚至未曾經歷過演化。

而新北界的生物在數百年來，受到過來自古北界的生物入侵，以及各種氣候變化的影響。克服了這些環境變遷的新北界生物們，進軍新熱帶界後迅速地適應了當地的環境，取代了原本的在地生物。另一方面，原本在新熱帶界大為繁盛的族群中，直到今日仍存活下來的例子之一，就是刀齒龍。

就像過去的暴龍類一樣，諾亞龍也是從頭部較小、身形苗條的小型種，演化成擁有碩大頭部、雄壯身軀的大型物種。

刀齒龍在彭巴草原上襲擊了許多行走迅捷的龍腳類，當這些獵物滅絕後，則開始對長鼻龍之類動作遲緩的物種下手。刀齒龍擁有特化的巨大利齒，能將成群結隊的長鼻龍大卸八塊，讓牠們因失血過多而死。

[始祖]

諾亞龍

刀齒龍嘴巴前端的牙齒長度堪比長劍（A）。當嘴巴前端的牙齒脫落後，後方的牙齒會往前移動替補（B）。

↓

A

B

C

D

Ganeosaurus tardus

格魯曼龍
Gourmand

肉食性

在白堊紀時，以岡瓦納大陸為中心曾經盛極一時的阿貝力龍類當中，有一部分在白堊紀後期入侵了勞亞大陸，但最後在競爭上輸給暴龍類而滅絕。

另一方面，與其他的暴龍類長得大相逕庭的格魯曼龍，由於生態毫不相同，因此無須經過競爭廝殺就存活了下來。

格魯曼龍是至今所出現的獸腳類當中數一數二大的物種，全長長達17m。牠不只是前腳已經退化，就連肩胛骨與肋骨也都退化消失。格魯曼龍為食腐動物，會在草原上四處漫步尋找屍骸。由於牠沒有肋骨，再加上進食時下顎能夠脫離關節，因此再大的肉塊也能夠一口吞下。當吞下腐肉後，格魯曼龍為了消化，會在原地躺個好幾天。由於身軀有裝甲包覆的緣故，即使遭到肉食恐龍襲擊也不會有大礙。

↑
刀齒龍狩獵時會4、5隻成群行動，切開獵物的側腹後（C），靜待獵物失血過多而死。牠們會張大下顎，利用整個上顎切開獵物（D）。牠的上顎牙齒具有鋸齒狀突起，會搭配下顎的牙齒用來撕裂與啃咬肉塊。

[始祖]

阿貝力龍類

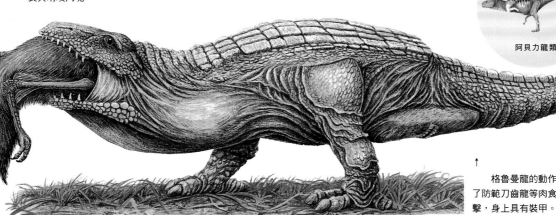

↑
格魯曼龍的動作遲緩，為了防範刀齒龍等肉食恐龍的攻擊，身上具有裝甲。

[始祖]
諾亞龍

Barren land-mountains 荒原—山岳

Harundosaurus montanus

肉食性

迪普龍
Dip

在新熱帶界的西部分布著縱橫南北的大山脈。棲息在這座山脈的西側、專吃魚類的就是迪普龍。

迪普龍細長頭骨與長脖子的外型與已經滅亡的棘龍類十分相似，不過這種恐龍與刀齒龍一樣，祖先都是諾亞龍。

迪普龍的棲息地跟祖先一樣同屬山岳地帶，長長的體毛能保暖禦寒。

迪普龍的下顎很長，排列著許多細小的牙齒。牠的腳程與祖先一樣都很快，能逃過在岩地盤旋的大型鳥類或是翼龍的攻擊。

↑
迪普龍很有耐心，會一直等待魚類現身。牠們能精確掌握與獵物之間的距離，透過細齒牢牢抓住滑溜的魚類。

[始祖]
鳥掌翼龍

哈里丹龍不僅能在山岳 →
地帶的氣流中順利飛行，還能用雙足步行，因此也經常在地面活動。

| 新熱帶界 | 新恐龍—如果恐龍沒有滅絕的假想圖鑑

哈里丹龍展翅時寬達
5m。後腳的皮膜能在飛
行時發揮控制作用。

哈里丹龍擁有敏銳的視
力與立體視覺，能確實鎖定
位於遠處下方的獵物。
↓

Barren land-mountains 荒原—山岳

Harpyia latala

肉食性

哈里丹龍
Harridan

　　大陸西側的大山脈附近，有從溪谷或斜坡吹起的上升氣流形成的漩渦。哈里丹龍翅膀上的食指與中指都有一層皮膜，相較於其他翼龍，更能順利控制翅膀附近的空氣流動，即使是在山岳地帶複雜的氣流環境當中，也能夠自在地翱翔天際。

　　哈里丹龍的眼睛朝向前方，牙齒只分布於嘴巴的前端，長相類似於哺乳類。

　　哈里丹龍不會成群結隊，1年會在山頂附近養育2隻幼獸。牠們擁有絕佳的視力，能找出在數百公里外的山稜線上跳來跳去的小動物，並進行捕食。

THE ORIENTAL REALM

東洋界

* * *

東洋界是除了衣索比亞大陸東部的巨大島嶼之外，所有動物地理區中範圍最小的區域。東洋界受到相鄰的其他動物地理區影響，混合了許多複雜的要素。

就地理位置而言，東洋界與古北界皆涵蓋了同一塊大陸的部分面積。東洋界具有叢林遍布的巨大半島，並有成排的火山島一路延伸到澳新界。東洋界最大的平原則位於西側的巨大三角形半島上。

這座半島原本是超大陸岡瓦納大陸的一部分，在與構成古北界的大陸發生衝撞之際，催生出了巨大的山脈，形成東洋界與古北界的邊界。

這座半島的西側為遼闊的沙漠，並一路延伸至衣索比亞界。

東洋界的東南部則散布著許多島嶼，一路延續至澳新界，各種動物或乘著漂流木或自行游泳，在海平面下降、陸地相連之際，就能夠往來遷移。由於生物會像這樣往來兩地的緣故，因此我們無法明確訂出東洋界與澳新界的界線。

位於西側的巨大半島在3000萬年前與大陸發生衝撞，半島與大陸之間的海底被推擠拉升至海拔8000m以上，成為了世界最高的山脈。

這個衝撞的影響一直擴散到半島的東側，衍生出東洋界的另一座巨大半島，以及連綿至澳新界的火山群島。而這些地區至今仍然頻繁發生地殼變動的現象。

如前所述，由山脈與火山島構成的環境成為了東洋界的特色。東洋界同時也是各種動物地理區的生物彼此交流的場所。

東洋界西側的半島上有落葉林與灌木分布的草原，與岡瓦納大陸有淵源的動物們生活在此。另一方面，在這個地區也能看見從古北界或衣索比亞界入侵的動物。

從巨大山脈流出的河川注入遼闊的海灣，在河口附近形成了森林遍布的廣大三角洲地帶。混合了海水的河口域，則有一大片耐鹽植物所形成的紅樹林。夏季會從海上吹來潮濕的海風，森林地帶會大量降雨，但冬季則會從內陸吹來乾燥的風。這些森林與海邊的三角洲地帶，棲息著祖先來自衣索比亞界、古北界、澳新界的恐龍們。

與古北界交界處的山脈可以看見草原與凍原景觀，但從山脈往下不出幾公里處，便能看見熱帶林、高草草原以及竹林。

東洋界與衣索比亞界的邊境則是沙漠地帶，對於已經適應乾燥環境的恐龍而言，遷徙至鄰接的穩定森林環境生活可謂易如反掌。

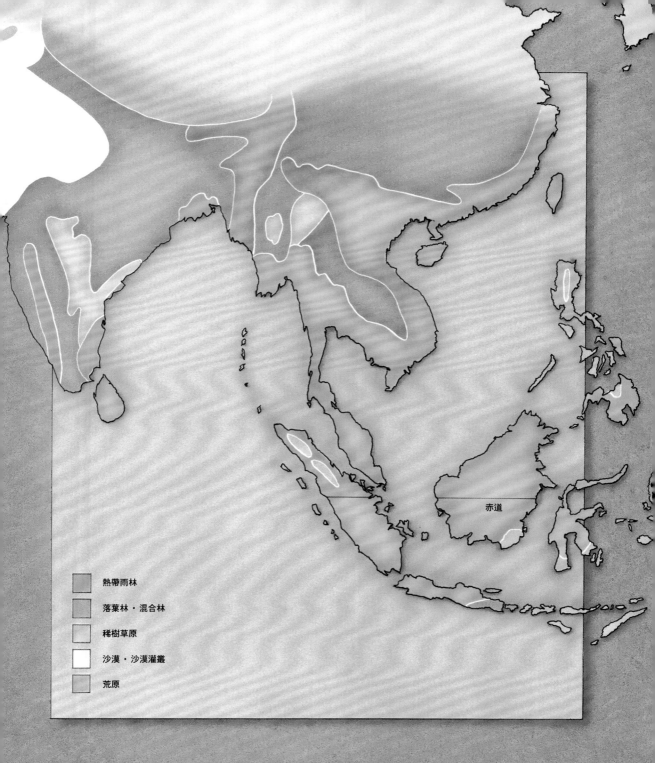

熱帶雨林

落葉林・混合林

稀樹草原

沙漠・沙漠灌叢

荒原

赤道

Gregisaurus titanops

拉賈潘龍
Rajaphant

草食性

　　在古近紀期間，長度超過3000km、寬度超過2500km的岡瓦納大陸三角碎片橫越特提斯洋往東北方移動，最終與構成古北界的大陸發生衝撞，地球上最大的山脈應運而生，成為一道天然的屏障，與岡瓦納大陸有淵源的生物們得以在這座巨大的三角形半島上存活下去。

　　拉賈潘龍與長鼻龍並列為目前地表上最大型的動物之一，牠們在半島中央的平原上形成小小的群體生活著。其生活型態自白堊紀的泰坦巨龍類以來幾乎沒有太大的改變，但牠們除了樹葉之外，還演化到能夠吃草，並隨之發展出複雜的社會結構。

　　拉賈潘龍的嘴巴幅度與祖先一樣十分寬闊，能大量割取草類。牠所割下的草類會直接被送往寬達1m左右的巨大砂囊內，透過囤積其中的小石頭徹底磨碎。

　　在視野遼闊的地點，會有各式各樣的捕食性鳥類或翼龍來襲，牠們會攻擊地面上所有會動的生物。
↓

[始祖]

奢那龍

↑
拉賈潘龍的群體具有嚴密的社會結構,當牠們在雨季的草原移動之時便能看出此現象。雄龍會走在外圍把守,由上了年紀的雄龍走在前頭帶領大家前進。雌龍則圍繞著幼獸。

←
拉賈潘龍會形成圓陣保護幼獸,牠們會利用頎長的脖子、牙齒,以及如鞭子般的尾巴對抗捕食者。

[始祖]

馬鬃龍

← 哈努漢龍會以家族為單位生活，因為海拔4000km處的食物很稀少，無法供太大的群體過活。牠們會利用長竿狀的尾巴巧妙地保持平衡，在岩地到處走動。

Barren land-mountains　荒原─山岳

Grimposaurus pernipes

草食性

哈努漢龍
Hanuhan

　　哈努漢龍的外型與巴拉克拉瓦龍相似，但牠的祖先為原始鴨嘴龍類的馬鬃龍。哈努漢龍並非在岡瓦納大陸分裂時被遺留在大陸島，似乎是自己從古北界遷居至這個嚴峻的山岳地帶。哈努漢龍厚實的脂肪能發揮禦寒作用，透過強韌的爪子與堅硬的喙，刮取長在岩石裂縫的苔類與其他稀疏的高山植物。牠的腦部十分發達，擁有保持身體平衡的絕佳能力。

塔迪龍的手跟祖先一樣有5根手指，能牢牢抓住竹子。摘竹葉或樹枝時，強韌的喙就是最佳利器。

[始祖]

馬鬃龍

Sphaeracephalus riparus

鐵頭龍
Numbskull

草食性

分隔東洋界與古北界的山脈目前仍在不斷升高，並刻畫出了地球上最深的溪谷。流經此處的河川沿岸孕育出豐富的植物，棲息著各式各樣的動物。最常看到的就是厚頭龍類的鐵頭龍。鐵頭龍不像蟻龍，幾乎原原本本地承襲了白堊紀時期的祖先樣貌。牠們會以家族為單位生活，由雄龍輪流當首領。又長又重的尾巴則用來與厚重的頭部保持平衡。

新生代時，厚頭龍類在全世界開枝散葉，但也有像鐵頭龍這樣，自白堊紀以來外型幾乎未曾改變的物種。
↓

[始祖]

皖南龍

Multipollex moffati

塔 迪 龍
Taddey

草食性

海拔4000m至多霧的2000m處之間的斜坡地，不但氣候穩定，就連植物也很豐富，石楠杜鵑林與竹林繁多，在這附近算是最大型動物之一的塔迪龍則只以竹子為食。塔迪龍為哈努漢龍的近親，不過體型大得多，動作也很遲緩。每個竹林還可細分成幾個不同的物種與亞種。由於竹林內沒有群體棲息的捕食者，即便是動作慢吞吞的塔迪龍也能好好生活。

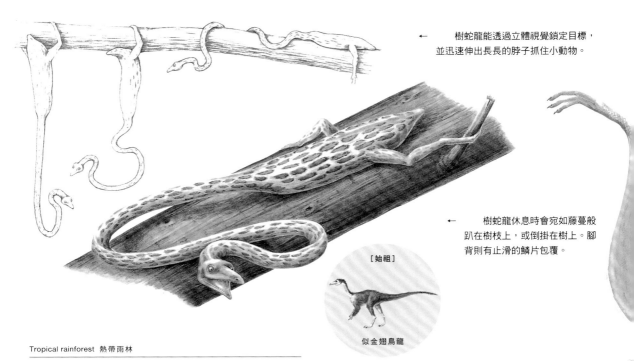

樹蛇龍能透過立體視覺鎖定目標，並迅速伸出長長的脖子抓住小動物。

樹蛇龍休息時會宛如藤蔓般趴在樹枝上，或倒掛在樹上。腳背則有止滑的鱗片包覆。

[始祖]

似金翅鳥龍

Tropical rainforest 熱帶雨林

Arbroserperus longus

肉食性

樹蛇龍
Treewyrm

　　東洋界的大部分低地都被熱帶林覆蓋著。靠近大陸那側的熱帶林，夏季會受到來自海洋的潮濕海風影響而進入雨季；冬季則受到內陸吹出的乾燥季風影響而進入乾季。另一方面，位於三角形半島西南方的島嶼，則一年到頭都有潮濕的海風吹拂，因此雨量很多，熱帶雨林甚為發達。這裡有為數眾多的樹居型生物，棲息著許多樹蛇龍。

　　樹居型的樹蛇龍是住在衣索比亞界的穴居型蛇龍的子孫。牠們從西側的沙漠地帶入侵東洋界，開始活用細長柔軟的身軀與後腳來爬樹。樹蛇龍會在熱帶雨林的樹上捕食昆蟲與小型脊椎動物。

　　在東洋界的熱帶雨林，還可以看見其他各種樹蛇龍的同類。

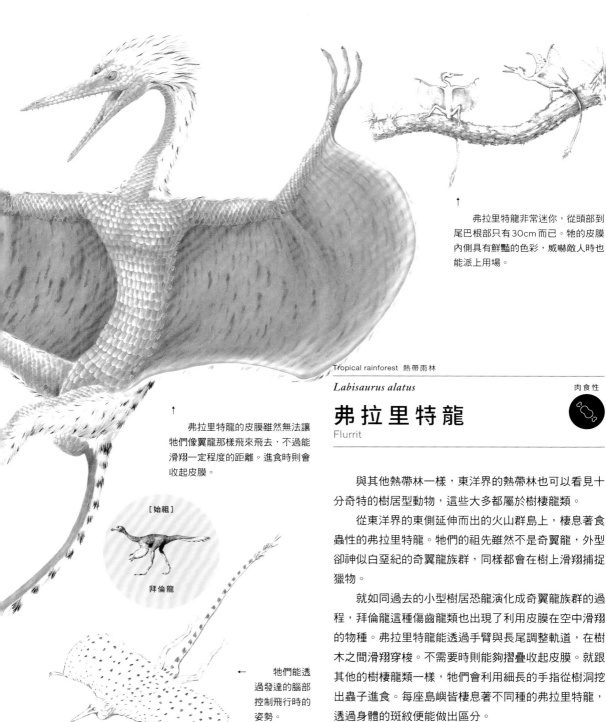

弗拉里特龍非常迷你，從頭部到尾巴根部只有30cm而已。牠的皮膜內側具有鮮豔的色彩，威嚇敵人時也能派上用場。

弗拉里特龍的皮膜雖然無法讓牠們像翼龍那樣飛來飛去，不過能滑翔一定程度的距離。進食時則會收起皮膜。

[始祖]

拜倫龍

牠們能透過發達的腦部控制飛行時的姿勢。

Tropical rainforest 熱帶雨林

Labisaurus alatus　　　　　　　　肉食性

弗 拉 里 特 龍
Flurrit

　　與其他熱帶林一樣，東洋界的熱帶林也可以看見十分奇特的樹居型動物，這些大多都屬於樹棲龍類。

　　從東洋界的東側延伸而出的火山群島上，棲息著食蟲性的弗拉里特龍。牠們的祖先雖然不是奇翼龍，外型卻神似白堊紀的奇翼龍族群，同樣都會在樹上滑翔捕捉獵物。

　　就如同過去的小型樹居恐龍演化成奇翼龍族群的過程，拜倫龍這種傷齒龍類也出現了利用皮膜在空中滑翔的物種。弗拉里特龍能透過手臂與長尾調整軌道，在樹木之間滑翔穿梭。不需要時則能夠摺疊收起皮膜。就跟其他的樹棲龍類一樣，牠們會利用細長的手指從樹洞挖出蟲子進食。每座島嶼皆棲息著不同種的弗拉里特龍，透過身體的斑紋便能做出區分。

[始祖]

翼手龍

Mixed woodland-swamps 混合林—沼澤

Umbrala solitara

肉食性

傘 龍
Paraso

與古北界交界處的巨大山脈會有大量的雪水融化流出，因此東洋界有著遼闊的熱帶溼地與三角洲地帶。紅樹林會在靠近海岸的河岸旁發展起來，不過在這裡也能同時看見原本生活於乾燥地帶的動植物。

像這樣的地方，會有各式各樣能同時在海水與淡水生存的水生動物，也吸引了許多以這些水生動物為食、虎視眈眈的鳥類與翼龍。

會在潮灘與溼地狩獵的傘龍，張開翅膀時的寬度為3m左右，牠與新生代的翼龍一樣，會利用長長的後腳雙足步行。牠們的翅膀紋路非常複雜，能讓敵人頭暈目眩。傘龍在水邊進行狩獵時也會使用這對翅膀。牠的翅膀不但能形成遮蔭，減少水面的陽光反射讓自己更容易尋找獵物，還能營造出陰涼的場所，引誘魚類靠近。

傘龍在水面上營造出陰影的 →
景象，看起來簡直就像是撐著傘一樣。

← 傘龍在較淺的水畔四處走動時會張開翅膀形成遮蔭，吸引想乘涼的魚兒們。並能透過陰影，提升水面的能見度。

A

B

↑ 傘龍與其他翼龍不同，乃單獨進行狩獵（A）。細長的下顎布滿了又細又尖的牙齒（B），能牢牢銜住滑溜的魚類。

Litasaurus anacrusus 　　　　草食性

格拉卜龍
Glub

　　形成紅樹林的植物在水量較多時會浸在淡水中，滿潮時則是泡在海水裡。此外，岸邊的泥土狀態也很不穩定。因此，紅樹林內的植物會在泥中深深紮根，有時會讓一部分的根部露出地面吸取氧氣。

　　紅樹林周遭的水中充滿各式各樣的植物，以及以這些植物維生的動物。其中體型最大的是格拉卜龍，牠的外觀與新熱帶界的水吞龍相似。

　　牠們兩者皆是由白堊紀的原始小型鳥盤類演化而來，不過彼此卻沒有直接的類緣關係，只是因為適應了同樣的環境，不約而同地發展成相同的型態。格拉卜龍出現的時期比水吞龍早很多，後腳已經完全消失。格拉卜龍的全長2m左右，會扭動身軀與尾巴游泳，並利用前腳掌舵。

[始祖]

稜齒龍

格拉卜龍的身體構造已經相當適應水中生活，會用前腳的長爪挖出植物根部。
↓

THE AUSTRALASIAN REALM

澳新界

* * *

如果不算衣索比亞大陸東部的巨大島嶼，澳新界是最為孤立的動物地理區。寬達3500km的大陸島佔了大半的面積，其周邊的島嶼也是澳新界的一部分。

位於東側的大島，其環境比大陸還要更為與世隔絕，甚至可以說已經自己構成了一個小型的動物地理區。北側的島嶼則與東洋界延伸而出的火山群島相鄰。

構成澳新界的大陸原本是超大陸岡瓦納大陸的一部分。白堊紀中期，該大陸與現在的南極大陸分離後持續北上，從南極圈位移至熱帶的緯度。

這座大陸的生物相幾乎不曾與其他地區有所交流，因此，在岡瓦納大陸存活下來的物種子孫——也就是這座大陸的生物，由於岡瓦納大陸分裂後大陸環境起了很大的變化，因此牠們適應這個變化，完成了相當特殊的演化。

另一方面，由於澳新界與東洋界隔島相接的緣故，也帶動了生物的往來。大陸的東邊與北邊因板塊運動所造成的擠壓，誕生出了許多島嶼。

此外，這座大陸唯一的山脈也因此而誕生。山脈沿著大陸的東側，從南部的島嶼延伸至北部的半島。大陸幾乎一半的面積皆為標高300m左右的遼闊台地。

由於岡瓦納大陸碎片與板塊運動的影響，北側的大島上混合著從地底被推上來的岩石，以及因火山活動而產生的岩石。

這座大陸位於沿著赤道南邊延伸的沙漠帶上。大陸的中央部分為沙漠，四周則遍布著乾燥草原。在這裡棲息著只有沙漠或綠洲特有的恐龍們。

至於海岸部分，大陸北部受到來自海洋的潮濕海風吹拂，形成溫暖且少有季節變化的土地。北部的森林為熱帶叢林，東側山脈與海邊沿岸則可看見尤加利樹林。在這樣的森林環境中，主要棲息的是植食性的雜食恐龍，也有只吃其他動物退避三舍的有毒尤加利葉的恐龍存在。

位於北側的島嶼群被溫暖的海洋環繞，熱帶林發展得十分繁茂。位於大陸東邊的島嶼亦為濕潤的氣候，有各種森林與草原分布，還有以樹芽為食的陸生翼龍棲息。這裡的翼龍與衣索比亞界的陸生物種分道揚鑣，完成獨有的演化。

其他分散於周遭的島嶼群，為求方便起見也被歸入澳新界。這些島嶼多半為火山島，從前會飛的動物們則在此生活。

熱帶雨林

沙漠・沙漠灌叢

矮木林・長莖禾草稀樹草原

短莖禾草稀樹草原

溫帶林

Cribrusaurus rubicundus

草食性

庫力布拉姆龍
Cribrum

在澳大利亞大陸的東側，有許多條從山脈流往內陸的河川分布。這些河川進入雨季時，經常會在沙漠形成湖泊，造成藻類與甲殼類爆發性繁殖。

以這些生物為食的則是全長2m左右的庫力布拉姆龍。其基本外型仍停留在白堊紀時曾住在澳大利亞大陸的原始彩蛇龍樣貌，不過嘴巴變得更長，如針般的牙齒多達數千根。牠們會用這一排牙齒，從湖泊或三角洲的泥土與水中過濾出食物。

庫力布拉姆龍的體色會隨著狩獵地點而異，在淡水的環境會變成明亮的灰色；在混雜鹽分的湖泊時，皮膚與體毛就會轉變為亮粉紅色。這是因為在含有鹽分的湖泊中的藻類，其色素會直接被吸收進庫力布拉姆龍的身體裡。

庫力布拉姆龍會單腳站立在淺灘，像畫出弧線般擺動頭部汲水，利用細密的牙齒過濾出食物。
↓

[始祖]

彩蛇龍

↑
混合了鹽分的湖泊周邊甚少有捕食者。當捕食者接近一派悠哉的庫力布拉姆龍時，這個群體就會從四面八方潑水散開，利用四濺的水花形成水幕來混淆捕食者的視線。

　　　　│ 澳新界 │ 新恐龍－如果恐龍沒有滅絕的假想圖鑑

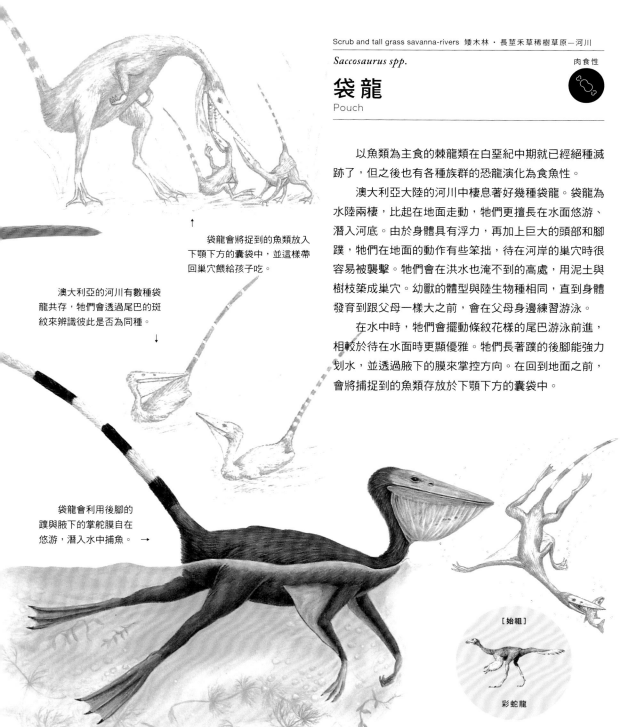

Saccosaurus spp.

肉食性

袋龍
Pouch

以魚類為主食的棘龍類在白堊紀中期就已經絕種滅跡了，但之後也有各種族群的恐龍演化為食魚性。

澳大利亞大陸的河川中棲息著好幾種袋龍。袋龍為水陸兩棲，比起在地面走動，牠們更擅長在水面悠游、潛入河底。由於身體具有浮力，再加上巨大的頭部和腳蹼，牠們在地面的動作有些笨拙，待在河岸的巢穴時很容易被襲擊。牠們會在洪水也淹不到的高處，用泥土與樹枝築成巢穴。幼獸的體型與陸生物種相同，直到身體發育到跟父母一樣大之前，會在父母身邊練習游泳。

在水中時，牠們會擺動條紋花樣的尾巴游泳前進，相較於待在水面時更顯優雅。牠們長著蹼的後腳能強力划水，並透過腋下的膜來掌控方向。在回到地面之前，會將捕捉到的魚類存放於下顎下方的囊袋中。

袋龍會將捉到的魚類放入下顎下方的囊袋中，並這樣帶回巢穴餵給孩子吃。

澳大利亞的河川有數種袋龍共存，牠們會透過尾巴的斑紋來辨識彼此是否為同種。

袋龍會利用後腳的蹼與腋下的掌舵膜自在悠游，潛入水中捕魚。→

[始祖]

彩蛇龍

075

Gryllusaurus flavus

草食性

瓜瓦納龍
Gwanna

澳大利亞大陸的內陸地區相當乾燥，有3分之2的範圍不是沙漠就是乾燥的草原。居住在這種環境的動物當中，就屬瓜瓦納龍的體型最大。

瓜瓦納龍的祖先是從白堊紀中期就定居於此的阿特拉斯科普柯龍。其他的地區先是禽龍類盛極一時，再來則由鴨嘴龍類取而代之。然而，在這座長期處於孤立狀態的大陸上，原始的小型鳥盤類一脈適應了草原生態而存活下來。

這個地區的草類並沒有太多養分，因此瓜瓦納龍會組成小群體，遊走在草原上尋求新鮮的草類。牠們原封不動地繼承了祖先的體型，休息或進食時為四足站立，移動時則是雙足步行的姿勢。採取雙足姿勢時，會利用厚重的尾巴維持上半身的平衡。

瓜瓦納龍全長約3m左右，會由4、5頭成年個體加上數隻幼獸集體生活。棕色的體色能與沙漠融為一體。牠們在草叢內發現丁格姆龍等捕食者時會原地跳躍，露出側腹條紋向同伴示警。

↓

[始祖]

阿特拉斯科普柯龍

Velludorsum venenum

肉食性

丁格姆龍
Dingum

　　一頭雄性的丁格姆龍在乾燥的草原中四腳著地到處走動，尋找小型的哺乳類、爬蟲類與昆蟲。說時遲那時快，翼龍急速降落偷襲了丁格姆龍。丁格姆龍立刻拱起後背，張開色澤與斑紋看似有毒的背帆，與此同時，位於後頭部的棘狀頭冠也朝上挺立。每一根棘刺都含有能夠殺死大型捕食者的毒素。目睹這些警告的翼龍只得作罷飛走。

　　丁格姆龍為全長1m左右的小型虛骨龍類，是澳大利亞的固有種。有時會食用有毒植物，將毒素儲存於頭冠內。丁格姆龍本身對這些毒素具有耐受性。雌龍的身體比雄龍大，不具有背帆與頭冠，體型也跟雙足步行的普通虛骨龍類相同。無毒的雌龍會躲避捕食者耳目，低調地生活。

↑

　　瓜瓦納龍的嘴巴前端有別於祖先，十分寬闊。色彩明亮的頭冠則是在繁殖期時用來吸引異性注意。大拇指的尖刺是一大武器，食指與中指用來支撐體重，無名指與小拇指則用來抓握物體。

[始祖]

彩蛇龍

　　丁格姆龍的繁殖期正值雨 →
季。首先雄龍會以泥土築巢，當蓋好一半時會向雌龍求愛（1）。交配之後雙方會共同完成剩下的巢穴（2）。他們會在乾季來臨前築完巢，雄龍外出尋找食物的期間，雌龍會負責孵蛋（3）。當下一個雨季來臨時蛋會孵化，在雌龍外出尋找食物的期間，則由雄龍站在巢穴入口把守（4）。

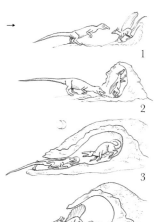

1

2

3

4

　　雄丁格姆龍的鮮豔色澤能成為對捕食者的警告。　→

Fortirostrum fructiphagum

草食性

裂紋喙龍
Crackbeak

　　位於澳大利亞大陸東北部的熱帶林的高處樹枝上，有一種體毛黑白相間的動物飛來飛去，並消失在綠蔭裡。乍見之下似乎是樹棲龍類，不過這種恐龍其實是轉變成樹居型的原始小型鳥盤類。牠的臉孔顏色宛如燃燒的烈火，並具有長長的頭冠。

　　裂紋喙龍的祖先原本是在地面到處奔跑，如今牠們卻變成在樹枝上奔跑跳躍的物種。牠的腳趾演化成能夠抓握樹枝的模樣，變短的尾巴有助於頂住樹枝支撐身體。肩膀的構造與肌肉分布則類似於樹棲龍。牠的手很靈巧，能用來抓住樹枝與食物。裂紋喙龍的同類棲息於世界各地的熱帶雨林，不過在澳新界可以看見特別多樣的物種。

［始祖］

快達龍

↑
樹棲龍類的食物種類很多，不過裂紋喙龍類只吃植物。

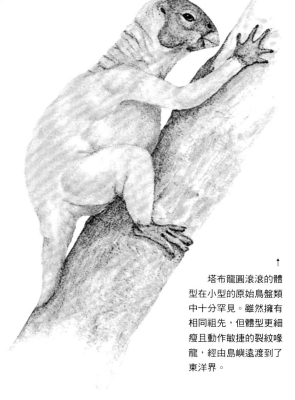

裂紋喙龍會利用喙來摘取樹木果實並粉碎，咀嚼作業則由口腔深處的牙齒負責。花紋鮮豔高調的臉孔與頭冠，則是對異性或敵人發出的信號。

裂紋喙龍的手與其他原始的鳥盤類一樣都是5根手指。大拇指與小指能在掌心交叉，方便抓取物體。

塔布龍圓滾滾的體型在小型的原始鳥盤類中十分罕見。雖然擁有相同祖先，但體型更細瘦且動作敏捷的裂紋喙龍，經由島嶼遠渡到了東洋界。

Temperate forest　溫帶林

Pigescandens robustus

草食性

塔布龍
Tubb

　　並非所有樹居型動物都能敏捷地跑跳。澳大利亞西南部與東南部的遼闊尤加利樹林中，住著全長70cm左右的銀色動物。這個其貌不揚的生物名叫塔布龍，牠會慢條斯理地在銀灰色的樹幹上上下下，只吃已經泛藍的尤加利葉。塔布龍的手腳指構造與裂紋喙龍相似，這亦是彼此為近親的證明。

　　塔布龍除了手指、腳趾以外的其他部分，則與裂紋喙龍大相逕庭。牠十分發達的後頭部有著掌控強韌下顎的肌肉，搭配短而尖銳的喙，在摘取尤加利葉時能發揮很大的作用。牠圓滾滾的身軀不利於敏捷行動。相較於抓住樹枝，牠的腳部構造更適合用來抓住樹幹。尾巴又肥又短。在樹居型的鳥盤類當中，與塔布龍體型相近的，只有東洋界的塔迪龍而已。

[始祖]

快達龍

塔布龍的動作很遲緩，只吃尤加利的樹枝與樹葉。牠的身上不具備裝甲，逃跑的速度也很慢，但因為累積了尤加利樹毒素的緣故，肉很難吃，讓捕食者們不屑一顧。

Perdalus rufus

草食性

庫倫龍
Kloon

位於澳大利亞大陸的東南方2500km處，有2座大島比鄰分布。這2座島嶼皆涵蓋了岡瓦納大陸南端的碎片，但島嶼的絕大部分都是由火山活動新造成的。

激烈的環境變遷，再加上與澳大利亞大陸隔絕，也難怪這裡會棲息著各種奇特的動物。從岡瓦納大陸遺留下來的生物雖然寥寥無幾，但北部的海岸附近卻住著從侏儸紀存活下來的喙頭蜥。

在這座島嶼生活的動物多半為鳥類與翼龍，大多數的翼龍並不會飛。這些翼龍是從衣索比亞界的物種獨立出來的，已經喪失了飛行能力。

全長70cm的庫倫龍是這座島嶼典型的陸生翼龍，翅膀完全消失無蹤、不留痕跡。牠的身軀被長長的體毛包覆，會在森林深處靜靜地吃著樹下的矮草。

在沒有捕食者的環境之中，庫倫龍完全適應了陸地生活。翅膀雖然已經消失，但後腳的4根趾頭仍承襲自祖先沒有改變。
↓

［始祖］

鳥掌翼龍

庫倫龍的頭骨和牙齒構造與祖先細瘦的頭骨截然不同。
↑

← 溫德爾龍會三五成群
組成寬鬆的小群體在草原
上閒適地漫步。由於牠們
是在與世隔絕的環境下完
成演化的，若是有其他地
區的生物入侵，應該會面
臨重大威脅吧。

↑
庫倫龍的前腳已完全退化，不過後腳取而代之變得非常靈活，
能抓取食物送入口中。

Short grass savanna-offshore islands 短莖禾草稀樹草原─群島

Pervagarus altus　　　　　　　　　　草食性

溫德爾龍
Wandle

　　在沒有陸上捕食者的環境下，很多會飛的動物都放
棄飛行，轉變成陸生動物。因此，住在澳大利亞大陸東
南方與世隔絕的2座島嶼上的大型動物，其祖先幾乎都
是飛行動物。南方島嶼的上半部分布著一大片草原，庫
倫龍的近親──溫德爾龍就生活在這裡。牠們與庫倫龍
一樣，外型與會飛行的翼龍祖先一點都不像。由於所吃
的食物與短跑龍相同，因此牠的臉長得跟短跑龍很像。
這點衣索比亞界的弗拉普龍也是同樣的情況。

　　由於沒有捕食者存在，因此溫德爾龍的動作非常遲
鈍，也不具備裝甲。住在低地的物種吃高的草，住在高
地的物種吃矮的草，從草原到山岳，有各種溫德爾龍吃
著各不相同的食物過活。

殼的底部略呈H型，方便在沙土上滑行。椰爪龍會運用充滿肌力又寬闊的4根觸手在沙土上爬行，攀上椰子樹。這4根長觸手負責發揮手部的功能。牠們的眼睛在水中與陸地都能看得很清楚。晚間會在沙灘上到處走動，因此一到早上就能看見牠們留下的獨特足跡。

[始祖]

菊石類

[始祖]

翼手龍

A

B

↑
岸奔龍會利用已經退化的翅膀保持平衡、衝上樹木（A），揪出樹幹內的昆蟲。當椰爪龍拖拖拉拉到天亮時，就會慘遭岸奔龍群圍剿，被大卸八塊（B）。

Tropical rainforest-island shoreline　熱帶雨林—島嶼沿岸

Nuctoceras litureperus　　　　　　草食性

椰 爪 龍
Coconut Grab

在前身為盤古大洋的巨大海洋上，散布著許多火山島。這些島嶼周圍則遍布著珊瑚以及其他生物所形成的礁石。

自古生代開始，菊石的族群就在海洋中不斷發展興盛。雖然這些族群比起鸚鵡螺，更接近烏賊或章魚，不過殼的構造則類似鸚鵡螺，內部分隔成一間間調整浮力的氣室。

椰爪龍就是擁有方角外殼的菊石，會在陸地上長時間活動。牠們會在熱帶島嶼的沿岸遊走，吃下撿來的椰子，如果沒有果實掉落的話，牠們也能毫不費力地爬上樹覓食。

Tropical rainforest-island shoreline　熱帶雨林—島嶼沿岸

Brevalus insularis　　　　　　肉食性

岸 奔 龍
Shorerunner

當新的島嶼誕生後，首先植物的種子與孢子會乘風而來，昆蟲隨後，最後來的則是鳥類與翼龍。由於這裡的環境沒有外敵，經常會出現放棄飛行能力的物種。

岸奔龍是一種在赤道下方的島嶼上可見的翼龍，雖然有翅膀卻已經失去了飛行能力，牠們會在岸邊到處走動捕食小動物，或者是爬到樹上捕食昆蟲。

這些島嶼形成後大約經過了500萬年，研判岸奔龍的祖先也是在那個時期來到此地的。好幾種岸奔龍散布在零星的幾座島嶼上，依食性不同會有不同的型態與大小。

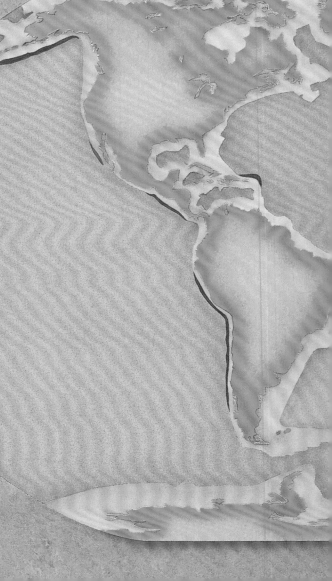

THE OCEANS
海洋

*　*　*

地球上最遼闊的地區，並非大陸而是海洋。海洋的面積約佔了地球表面的70%，而且絕大部分都是陽光到達不了的寒冷幽暗空間。

三疊紀時，地球上只有超大陸盤古大陸與巨大的盤古大洋分布而已。盤古大陸分裂後，盤古大洋也隨之瓦解，不過其殘骸直到如今仍然覆蓋著地球一半的面積。這片海洋除了衣索比亞界之外，與所有的動物地理區銜接。其他的海域則是因大陸分裂而產生的。位於勞亞大陸與岡瓦納大陸之間的特提斯洋，則因岡瓦納大陸分裂後的大陸漂移而消失。

大陸隔著海岸與海洋相接，不過真正的大陸尾端，其實是廣布於水深100m左右海底的大陸棚。大陸棚的下方為更深的海底，再往下則會抵達深海底──海洋板塊的表面。幾乎所有的海洋動植物都生活在陽光能照到海底的大陸棚。在海洋板塊沉入大陸板塊底下的地方，大陸棚會變得狹窄；相反的，在大陸與大陸即將分裂的地方，大陸棚會變得寬廣。

與大陸不同，海洋無法明確地劃分出動物地理區。遼闊的海域彼此都相連互通，無法對生物的移動形成阻礙。

海溝

海床・海盆

大陸棚

陸地

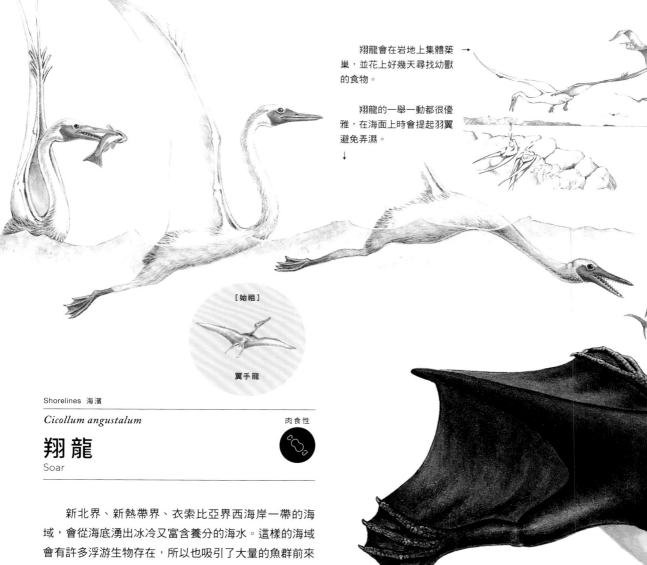

翔龍會在岩地上集體築巢，並花上好幾天尋找幼獸的食物。 →

翔龍的一舉一動都很優雅，在海面上時會提起羽翼避免弄濕。
↓

[始祖]

翼手龍

Shorelines 海濱

Cicollum angustalum

肉食性

翔龍
Soar

　　新北界、新熱帶界、衣索比亞界西海岸一帶的海域，會從海底湧出冰冷又富含養分的海水。這樣的海域會有許多浮游生物存在，所以也吸引了大量的魚群前來捕食。而大群的鳥類與翼龍也聚集於此，虎視眈眈地盯著魚群。

　　翔龍也是這種食魚性翼龍，牠展翅時的寬度超過4m。牠們能長時間在海上飛行，尋找接近海面的魚群，並將長長的頭部與脖子伸進海中捕魚。捕到足夠的魚之後，牠們會順著風從海面振翅飛起，回到幼獸嗷嗷待哺的築巢地。在海面上捕捉獵物之際，翔龍有時會遭到蛇頸龍襲擊。

↑
　　軟骨組織的翅膀除了負責掌舵之外，還會與後腳的膜一起產生推進力。濃密的體毛擁有相當高的保溫能力。

[始祖]

翼手龍

Pinala fusiforme

肉食性

潛龍
Plunger

　　這座小島上到處都是飽受風霜的岩石，有一大群黑白花紋、渾身帶有光澤的動物趴在這裡，在微弱的陽光下做著日光浴。在陸地上顯得很笨拙的潛龍，一旦從崖邊跳入海裡，就會變身為矯健的海中狩獵高手。

　　潛龍是一種放棄飛行能力的食魚性翼龍，利用轉化為鰭狀軟骨組織的翅膀，以及過往飛行時當作穩定翼、在後腳與尾巴之間的膜，牠們能夠飛也似地在海中快速游動。牠的皮下脂肪相當豐厚，不僅能保暖，還有助於維持流線型的體型。潛龍的肺已經變得即使潛入深海之中，亦能承受水壓。

儘管潛龍相當適應水中生活，但牠卻是在陸地進行繁殖。在魚量隨時豐富的海域，岩地就是牠的繁殖地。

↓

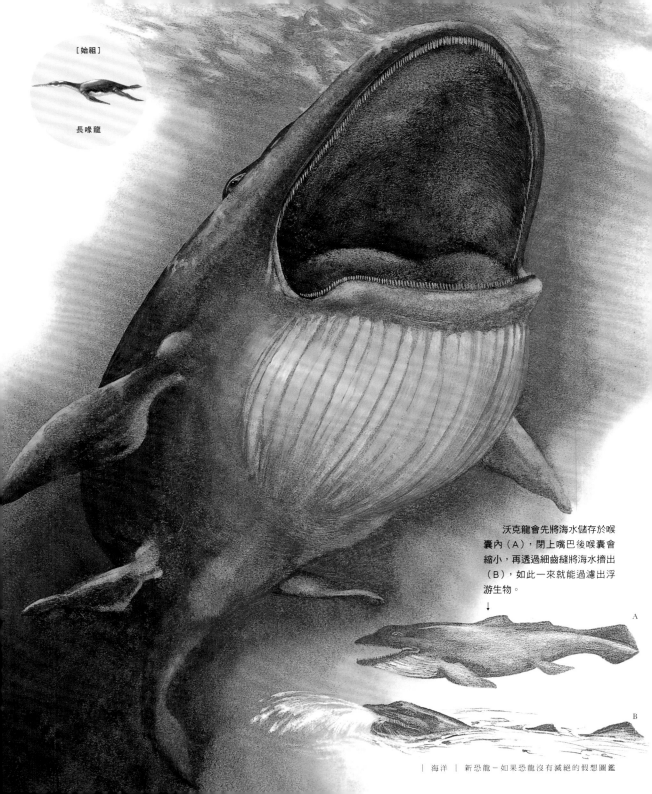

[始祖]

長喙龍

沃克龍會先將海水儲存於喉囊內（A），閉上嘴巴後喉囊會縮小，再透過細齒縫將海水擠出（B），如此一來就能過濾出浮游生物。
↓

A

B

Insulasaurus oceanus

沃克龍
Whulk

　　中生代是各種爬蟲類的族群進軍海洋的時代。蛇頸龍也是其中一員，曾經有各式各樣的族群接連不斷地崛起繁榮。現生的蛇頸龍是由白堊紀後期延續至今的2個族群組成，分別為脖子很長的薄片龍類，以及短脖大頭的雙臼椎龍類。屬於後者的沃克龍，乃是目前海洋生物中尺寸最大的物種之一。

　　白堊紀的雙臼椎龍類為食魚性，全長不過才5m左右，進入新生代後牠們的體型變大，並適應了各式各樣的食物。沃克龍的全長長達20m，會在全世界的海中洄游，吃遍浮游生物。

↑

　　掠鳥龍的體型近似於白堊紀的薄片龍類，但脖子比祖先更能柔軟地活動。牠的下顎細長，與祖先一樣，牙齒皆朝外斜向生長。

[始祖]

水怪龍

Raperasaurus velocipinnus　　　肉食性

掠鳥龍
Birdsnatcher

　　海鳥追逐著魚群飛舞在遼闊的海面上，牠們接二連三地飛入海中，銜著魚類浮出水面。突然間，從水面衝出了長長的脖子，用尖銳的頭部開始發動攻擊，海鳥群瞬間陷入恐慌之中。

　　這些脖子的主人就是薄片龍類的掠鳥龍，掠鳥龍與祖先相同，都以海中生物為食，不過牠們的脖子比祖先更能柔軟活動，因此有時會在靠近海面的地方襲擊鳥類或翼龍。牠們會將長長的脖子維持在向後仰的狀態，上浮到海面附近，再一舉伸直脖子，捕捉盤旋在空中的鳥類或翼龍。

Piscisaurus sicamalus

沛羅拉斯龍
Pelorus

肉食性

沛羅拉斯龍是典型的小型雙臼椎龍類，除了碩大的尾鰭以外，外型與白堊紀後期的祖先十分相似。沛羅拉斯龍會在赤道附近擁有最多菊石的無風海域進行狩獵。能獵捕克拉肯龍這種全世界最大型菊石的，就只有沛羅拉斯龍而已。

克拉肯龍會伸出觸手纏住突然現身的沛羅拉斯龍，企圖將牠拖入海中，不過力道卻不怎麼強。沛羅拉斯龍穿過觸手的包圍後，會將下顎刺入克拉肯龍的外殼中，破壞牠的腦部，並趁著氣體從外殼流光沉入海底前，迅速吃完其軀體。

→ 克拉肯龍的外殼內部與其他菊石一樣，隔成好幾間氣室，透過內部的氣體來調整浮力。每個小氣室會透過一條細小的管子相連。

← 從觸手上伸出了無數帶有鉤子的纖毛。

↑
沛羅拉斯龍即使被克拉肯龍的毒針刺中也不打緊，但會有被觸手箝制的危險。牠們會順著觸手迅速接近克拉肯龍的本體，以下顎刺死身體的部分。

[始祖]

長喙龍

↑
全長2m的沛羅拉斯龍無法游得太快，卻能獵捕龐大的克拉肯龍為食。

↑
克拉肯龍的長觸手經常處於撒網狀態。牠會縮起觸手將誤觸陷阱的動物或植物送進口中。

Giganticeras fluitarus

克拉肯龍
Kraken

肉食性

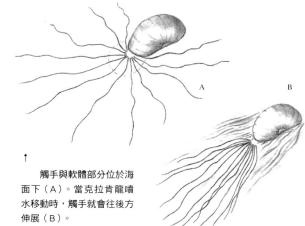

↑
觸手與軟體部分位於海面下（A）。當克拉肯龍噴水移動時，觸手就會往後方伸展（B）。

　　在海中悠閒地游泳原本是菊石的基本型態，但也有發展出其他各種生活型態的物種。克拉肯龍就是在海面過著浮游生活，利用細長的觸手捕捉獵物。克拉肯龍外殼的直徑長達4m，是至今為止出現的所有菊石中最大型的物種。

　　克拉肯龍的外殼具有防禦敵人攻擊與浮在海面的功能。12根觸手上則長滿了無數帶有毒針的纖毛。當牠展開觸手後，方圓20m的範圍就會成為葬生之網，從細小的植物到大型魚類，只要上鉤者牠一律都會吃下肚。在營養豐富的海域會有許多克拉肯龍埋伏，牠的外殼則成了侯鳥與翼龍的休息處。

[始祖]

菊石類

COMMENTARY

解說

* * *

世界是一個完整的生態系。在草原上拉賈潘龍與短跑龍嚼著草，在熱帶林內裂紋喙龍正啄著果實，在溫帶林與針葉林中布里凱特龍和松毬龍正吃著樹葉與樹芽。在山岳地帶的岩地，巴拉克拉瓦龍與哈努漢龍正咬著苔類。

這些動物會成為北爪龍或刀齒龍等肉食動物的獵物，牠們吃剩的部分則成為食腐肉的格魯曼龍或各種翼龍的食物。

本書中所介紹的動物，只不過佔了地球上所有生命體的一小部分。地球上還有許多維持生態系的小小生物存在。

大滅絕在過去曾數度發生，每一次都會產生「生態棲位」的空白，促使存活下來的生物進行演化。假如恐龍滅絕消失的話，那麼會由何種動物取而代之呢？或許目前的大陸會更加分裂，每座大陸都有不同的動物族群取代恐龍也說不定。那麼，假如恐龍和翼龍，在大陸還不像現在這般分裂的白堊紀末期便絕跡的話呢？隨之崛起的會是鳥類，還是哺乳類呢？

無論發生任何情況，生物仍會不斷演化下去。只要有環境能讓生命存活，地球上的生命體就會持續不斷地適應新的環境。

THE GREAT EXTINCTION

大滅絕

(THE THEORIES)
理論

在距今約2億3300萬年前，被稱之為中生代三疊紀的時代中，出現了擁有纖細長手長腳的瘦小動物。之後在大約2000萬年的期間，這些動物們急速地變得更加多元。

全身長滿羽毛的肉食恐龍在樹下的草叢中追逐蜥蜴；樹林間則有強大的肉食恐龍正在尋找獵物；脖子很長的巨大植食性恐龍不停地將臉探進樹冠裡，牠的腳邊則有小型的雙足植食性恐龍在跳來跳去；全副武裝的植食性恐龍們，在矮樹叢中嚴陣以待。

歷經1億6000萬年以上的歲月，恐龍們持續大為繁盛。

可是突然間，牠們全都滅亡了

6600萬年前，白堊紀末的大滅絕朝牠們席捲而來。不只是恐龍，地球上的所有生物大多都受到嚴重的打擊。

當恐龍、翼龍、蛇頸龍、滄龍類以及菊石的化石，到達某個時期的地層後，全世界便再也找不到牠們的蹤跡。

這個時期——也就是白堊紀末，整個地球發生了生物大量滅絕的現象，從白堊紀到古近紀的古新世，生物相都發生了巨大的變化。

恐龍主宰陸地的時代結束了，哺乳類時代的黎明終於到來。

在這之前的哺乳類往往都是小型的物種，在生態系中並非顯眼的存在。然而，由於恐龍、翼龍以及海生爬蟲類滅絕的緣故，哺乳類繼而取代了牠們的生態棲位。

當時究竟發生了什麼事呢？這一切並非起因於哺乳類消滅了恐龍。再說滅絕是突然發生的嗎？抑或是一點一滴逐步發展而成呢？

尋找短期間所發生的現象時，地層所記錄的資訊有時根本無法提供任何參考。就地球整體的歷史來看，100萬年的時間也不過是一瞬間的事，在那段期間所堆積而成的地層，厚度往往只有幾公分而已。甚至可能完全沒留下那段期間的地層，這種情況也不足為奇。

突然其來的滅絕

研究白堊紀末大滅絕的研究者中，有人認為應該往地球外尋求原因。若太陽系附近發生超新星爆炸，導致超乎尋常的大量宇宙射線照射到地球的話，生物

們應該會受到致命傷害吧。但是，這個假說並未獲得太多支持。

引起廣泛討論的是「原因出在隕石撞擊」這項假說。在6600萬年前，直徑10km左右的隕石撞上地球，導致大量的塵埃飄散在大氣中。由於陽光被遮蔽，地球開始急遽寒化，塵埃的成分溶解在雨水裡而持續降下酸雨。

不只如此，還發生了非常大規模的火災，火災所產生的煤煙讓環境更加惡化。再加上撞擊的影響產生了大量的溫室氣體，其效果應該引起了急遽的地球暖化現象吧。

這些現象對生態系底層的植物與浮游生物造成莫大的影響。位於生態金字塔底端的動物們，只要有少量的食物便能夠活下去，然而佔據著金字塔頂端的恐龍、翼龍、蛇頸龍與滄龍類卻無法如此。過去喜愛淺海的菊石，當浮游生物毀滅時便無法存活下去。哺乳類或是小型爬蟲類在食物短缺的時期，或許還可以透過冬眠熬過，鳥類也只要打造好巢穴，就有可能存活下來。

雖然適應了氣候並住在寒冷地區的恐龍並不少，但如此急遽的環境變化，以及由此導致的生態系毀滅，應該沒有恐龍能夠逃脫吧。

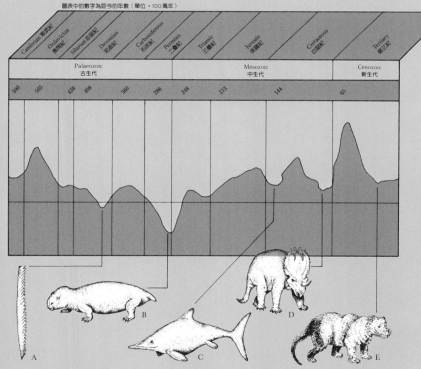

圖表中的數字為距今的年數（單位・100萬年）

| Cambrian 寒武紀 | Ordovician 奧陶紀 | Silurian 志留紀 | Devonian 泥盆紀 | Carboniferous 石炭紀 | Permian 二疊紀 | Triassic 三疊紀 | Jurassic 侏羅紀 | Cretaceous 白堊紀 | Tertiary 第三紀 |

| Palaeozoic 古生代 | | | | | | Mesozoic 中生代 | | | Cenozoic 新生代 |

590　505　438　408　360　286　248　213　144　65

A　B　C　D　E

● 滅絕具有週期性？

生物大量滅絕並非只發生於白堊紀末。泥盆紀的滅絕事件導致筆石類（A）以及其他許多海生生物滅絕。發生於二疊紀末的大量滅絕則是地球史上最嚴重的滅絕事件，在二疊紀大為繁盛的大型陸生兩棲類，以及與哺乳類祖先相近的族群（B）皆無一倖免。在白堊紀的前半期魚龍（C）滅絕了。白堊紀末除了恐龍（D）之外，還有各式各樣的族群滅亡。新生代的中期過後，古老類型的哺乳類幾乎都已滅絕，由今日常見的演化型物種取而代之（E）。

也有一說認為撞上地球的不是隕石而是彗星。由於大滅絕的發生似乎以2600萬年為週期，甚至有假說認為，受到天體運動的影響，每2600萬年地球上就會降下彗星雨。

科學家從全世界白堊紀末的地層中，發現了銥含量異常豐富的薄黏土層。銥是一種微量分布於地球表面的金屬，主要集中在地球深層內部。因此，要在整個地球形成這樣的地層，必須發生極大規模的火山爆發。另一方面，銥有時會大量存在於隕石或彗星中。只要有能讓整顆地球籠罩在塵埃之下的隕石或彗星撞上地球，就有可能形成這樣的地層。

當科學家發現在墨西哥的猶加敦半島上，有個白堊紀末所形成的巨大撞擊坑後，巨大隕石的撞擊與恐龍滅絕之間的關係便獲得了肯定。

滅絕是漸漸到來的

白堊紀末曾經發生巨大隕石墜落地球的事已經無庸置疑。然而，這件事所帶來的影響究竟有多大呢？隕石墜落是造成白堊紀末大滅絕的唯一原因嗎？抑或是與其他原因相互作用所導致的呢？

板塊誕生後，會持續不斷地進行板塊運動並伴隨著大陸漂移。白堊紀末的大陸分布情況愈加接近現在的模樣，與三疊紀時的超大陸盤古大陸分裂完成的狀態相同。

白堊紀後期，大陸之間分布著遼闊淺海的情況維持了很長一段時間，這種淺而廣的海洋環境，讓浮游生物、菊石、蛇頸龍與滄龍類等各種海生生物都大為繁盛。

可是，來到白堊紀末之後，海平面不斷降低，原本是淺海的廣大地區轉變成了陸地。失去了棲息地、

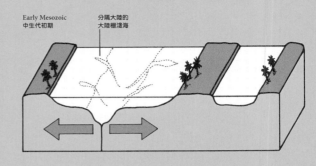

Early Mesozoic 中生代初期　　分隔大陸的大陸棚淺海

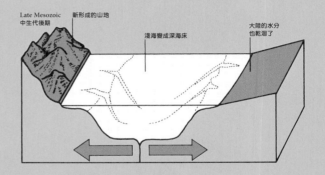

Late Mesozoic 中生代後期　　新形成的山地　　淺海變成深海床　　大陸的水分也乾涸了

● 大陸漂移

中生代的初期，大陸的分裂並不顯著，僅停留於大陸之間有淺海分布的狀態。進入中生代的後期以後，大陸開始加速分裂，彼此之間出現了既冷又深的海洋。因為這個緣故，淺海的生物遭受到嚴重的打擊。

洋流又產生變化，使得海生生物受到極大的影響，再加上海洋的面積減少，一般研判也會對氣候產生各種影響。

氣候變遷也會對陸地生物造成各種影響。此外，由於海平面降低，大陸與大陸之間能夠彼此往來，開始帶動生物相的交流。以往住在不同地區的生物們開

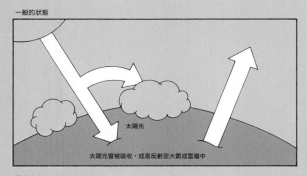

一般的狀態

太陽光

太陽光會被吸收，或是反射至大氣或雲層中

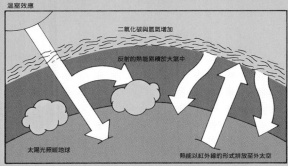

溫室效應

二氧化碳與甲烷增加

反射的熱能累積於大氣中

太陽光照曬地球

熱能以紅外線的形式排放至外太空

● **溫室效應**

抵達地球表面的部分太陽光能量，會以紅外線的形式輻射至外太空。像二氧化碳、水蒸氣、甲烷這樣的溫室氣體增加時，這個紅外線的一部分就會被大氣吸收，並累積熱能導致氣溫上升。

始展開了生存競爭。

另外，在隕石撞擊地球的數十萬年前，當時仍是島嶼的印度開始發生大規模的火山運動，所噴發的大量火山灰遮蔽了陽光，為整顆地球帶來了類似隕石墜落時的影響。

地球不但發生寒化，溶入了火山灰成分的雨變成酸雨，破壞了陸地與海洋的環境。不僅如此，大規模的火山活動還排放出大量的二氧化碳。當火山灰所導致的寒化告一段落後，果然如同隕石撞擊時一般，地球暖化的情況接踵而來。

白堊紀末，海平面的降低與印度的大規模火山活動，使得地球上所有的生物陷入不穩定的狀態。巨大隕石卻又偏偏選在這個時間點撞擊地球。此外，隕石撞上地球這件事，甚至可能促使位於地球另一端的印度產生大規模的火山活動。白堊紀末就這樣發生了大滅絕，各種生物因而滅亡。

<u>假如情況並非如此……</u>

「海平面降低以及大規模的火山活動，導致生物遭到重創，但是隕石卻從地球旁邊飛了過去。白堊紀末的生物們好端端地迎接古近紀，在之後的6600萬年間持續演化」。這項設定就是這本《新恐龍》的大前提。

我們一路看了許多「不曾滅絕的恐龍演化之後的模樣」，接下來再確認一下中生代的恐龍們長什麼模樣吧。

WHAT IS A DINOSAUR?

恐龍究竟是什麼？

(## EVOLUTION OF THE LAND-LIVING REPTILES)

陸生爬蟲類的演化

　　若以古典的分類學規則來解釋的話，恐龍隸屬於爬行綱下5個目當中的2個目，也就是蜥臀目（龍盤目）與鳥臀目（鳥盤目）。

　　要用更淺顯易懂、更直白的方式來描述恐龍，其實是相當有難度的一件事。恐龍在整個中生代繁盛的過程中，分歧出了各式各樣的型態。其中甚至發展出體型輕巧能展翅飛行的物種——鳥類。若要形容鳥類

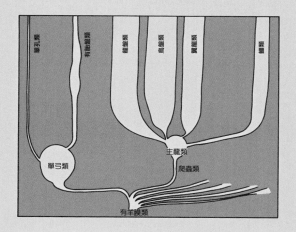

● 恐龍的演化

　　爬蟲類與哺乳類的祖先在古生代完成了重大的演化。單弓類於古生代的末期衰退，其後主龍類大為繁盛。

以外的恐龍，不外乎就是在陸地生活，擁有龐大身軀並直立步行的爬蟲類吧。

　　在恐龍當中，也有很多全長未滿1m的物種，就現在的動物基準來看，牠們其實並不算是極端小型的動物。

　　適應海生生活的鳥類出現在白堊紀，但除此之外的恐龍都生活在陸地，即使是棲息在水邊的物種，也頂多只是半水生而已。

　　其實，中生代特有的海生爬蟲類——蛇頸龍、魚龍與滄龍類並非恐龍。另外，會飛的爬蟲類——翼龍則是與恐龍極為相近的族群，但並非恐龍。雖然近似鳥類的恐龍中，有好幾種恐龍能夠在空中滑翔，但牠們無法如翼龍般振翅飛行。中生代以恐龍為首，可謂是這些爬蟲類的時代。

　　近似主龍類的族群是在二疊紀終結之際才出現的。這個時代為原始單弓類——也就是哺乳類型爬蟲類的全盛期，不過牠們在二疊紀末的大滅絕時遭到了嚴重的打擊。

　　進入三疊紀後，主龍類快速地多樣化，分成2個比較大的分支。鑲嵌踝類適應了在水邊的生活、體型變得巨大，甚至還出現了能靠雙足迅速奔跑的物種。後者的子孫雖然是鱷魚，不過鱷魚的生活方式卻類似

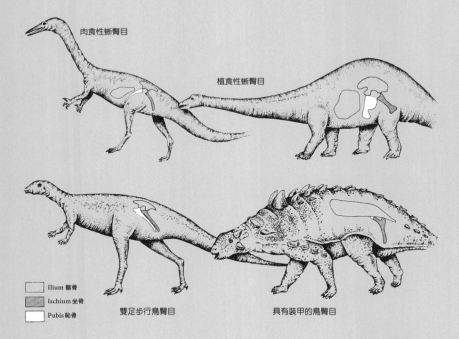

肉食性蜥臀目

植食性蜥臀目

Ilium 腸骨
Ischium 坐骨
Pubis 恥骨

雙足步行鳥臀目

具有裝甲的鳥臀目

● 恐龍的分類

　　恐龍的古典式大分類，也就是蜥臀目與鳥臀目，是根據骨盆的型態做區分。蜥臀目的骨盆構造類似於其他爬蟲類，恥骨朝前方、坐骨朝後方延伸。換句話說蜥臀目的骨盆仍然保留著原始特徵。鳥臀目的骨盆則是恥骨彷彿貼著坐骨一般延伸。這個構造乍看之下與鳥類的骨盆相似。鳥臀目皆為植食性，恥骨向後方發展所空下的空間內分布著大型的內臟。包頭龍一族的恥骨則變得非常小巧。

前者。

　　另一個分支──鳥頸類主龍偏小型纖細，同樣有許多能夠用雙足奔跑的物種。鳥頸類主龍中出現了具有飛行能力的物種，那就是翼龍。而在陸生生物中則出現了骨盆結構扎實的物種。那就是恐龍。

　　恐龍在這之後持續繁盛了1億6000萬年以上的歲月。牠們在中生代持續適應環境的變化，攻占了各式各樣的生態棲位。

　　恐龍的代謝率高，能夠自行產生熱能。由於身體較小，如果不想辦法熱能會立刻流失，因此牠們的身體覆蓋著具有保溫作用的羽毛。

　　恐龍的後肢從骨盆往身體正下方筆直延伸，除了能有效率地支撐體重之外，牠們無須扭動身軀就能夠高速移動。骨盆周圍的結構也變得相當堅韌，再搭配後腳，完全就是為巨大化量身打造。巨大的龍腳類骨骼可說是大自然所創造出的傑作，厚實的四肢支撐著滿是複雜空洞的輕量化脊椎骨。

　　若是白堊紀的隕石撞擊未曾發生的話，經過了6600萬年的現在，仍舊會有鳥類以外的恐龍在大地上昂首闊步吧。

　　在本書所描述的另一個動物學世界裡，恐龍、翼龍、蛇頸龍與滄龍類持續在世界各地一代傳一代。在解說現狀之前，首先讓我們來探索一下從白堊紀末起的6600萬年間，恐龍演化的狀況吧。

THE NEW
TREE OF LIFE
新演化樹

並未絕種消失的恐龍子孫在白堊紀末之後，仍一如以往般變得更加多元，持續繁盛。在獸腳類當中，在白堊紀後期一直繁盛的是虛骨龍類，以及侏儸紀的角鼻龍類的直系子孫——阿貝力龍類與諾亞龍類。阿貝力龍類在過去的岡瓦納大陸以外的地區，皆比暴龍類還要早滅絕，不過諾亞龍類則愈來愈多元化。

龍腳類（蜥腳類）在侏儸紀到白堊紀的這段期間大為繁盛。繁盛於白堊紀的泰坦巨龍類則在過去曾是岡瓦納大陸的地區存活下來。

小型的原始雙足步行鳥盤類，以及大型化的鳥腳類，今日依舊在世界各地開枝散葉。在侏儸紀中期分支的角龍與厚頭龍類則在白堊紀後期大為繁盛，直至今日。

劍龍類在進入白堊紀後急速衰退，白堊紀前期便已絕種。結節龍類也在新生代前半便滅絕，不過甲龍類則存活至今。

翼龍類熬過了與鳥類的競爭，得以生存到現在。蛇頸龍類至今也依然很常見。

哺乳類雖然發展出了各式各樣的分支，但幾乎都維持小型的樣貌，就算是大型物種也遠不及恐龍。

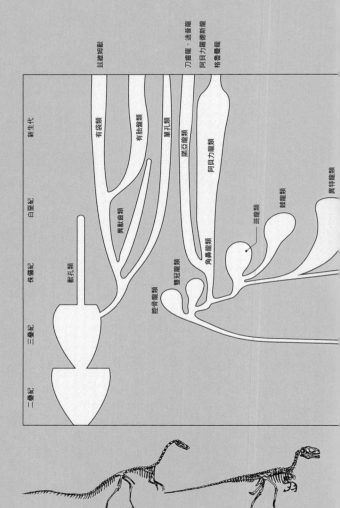

● 腔骨龍

　　最早期的獸腳類代表物種，直到侏儸紀前期為止在世界各地大為繁盛。

● 恐爪龍

　　為鳥類祖先的近親，在白堊紀多樣發展後，勢力擴展至全世界。

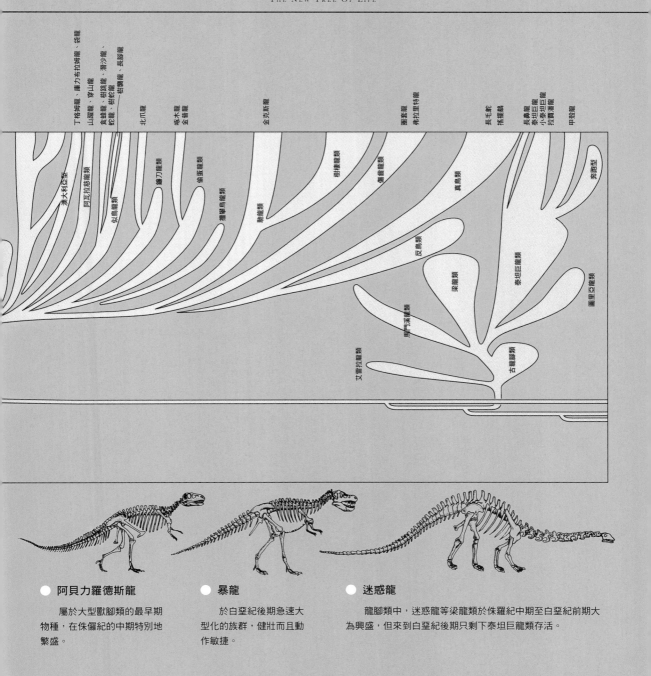

丁格姆龍、庫力布拉姆龍、袋龍
山躍龍、穿山龍
食蜥龍、樹蕨龍、清沙龍
蛇龍、樹蛇龍
樹鰍龍、長腳龍
北爪龍
啄木龍
金畬龍
金克斯龍
園套龍
弗拉里特龍
長鼻龍
孫履麟
長鼻巨龍
小泰坦巨龍
拉賈濁龍
甲殼龍

澳大利亞型
阿瓦拉慈龍類
似鳥龍類
鐮刀龍類
偷蛋龍類
擋撃鳥龍類
聘龍類
樹棲龍類
傷齒龍類
真鳥類
反鳥類
奔跑型

馬門溪龍類
艾雷拉龍類
梁龍類
古龍腳類
泰坦巨龍類
園里亞龍類

● 阿貝力羅德斯龍
　屬於大型獸腳類的最早期
物種,在侏儸紀的中期特別地
繁盛。

● 暴龍
　於白堊紀後期急速大
型化的族群,健壯而且動
作敏捷。

● 迷惑龍
　龍腳類中,迷惑龍等梁龍類於侏羅紀中期至白堊紀前期大
為興盛,但來到白堊紀後期只剩下泰坦巨龍類存活。

101

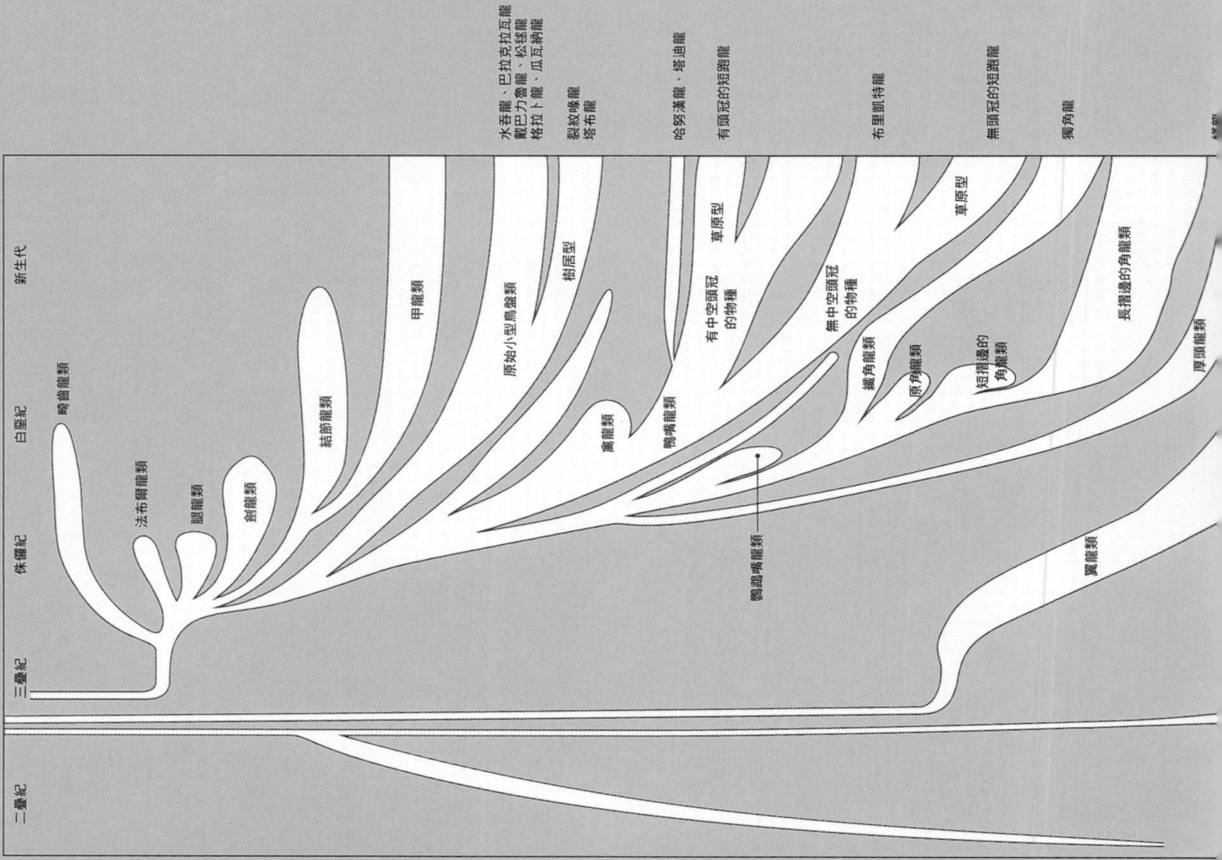
水吞龍、巴拉克拉瓦龍
戴巴力詹龍、松毬龍
格拉卜龍、瓜瓦納龍
裂紋喙龍
塔布龍
哈努漢龍、塔迪龍
有頭冠的短跑龍
布里凱特龍
無頭冠的短跑龍
獨角龍
新生代
白堊紀
侏儸紀
三疊紀
二疊紀
畸齒龍類
法布爾龍類
腿龍類
劍龍類
結節龍類
甲龍類
原始小型鳥盤類
樹居型
禽龍類
鴨嘴龍類
有中空頭冠的物種
草原型
無中空頭冠的物種
鸚鵡嘴龍類
纖角龍類
原角龍類
短褶邊的角龍類
草原型
長褶邊的角龍類
厚頭龍類
翼龍類

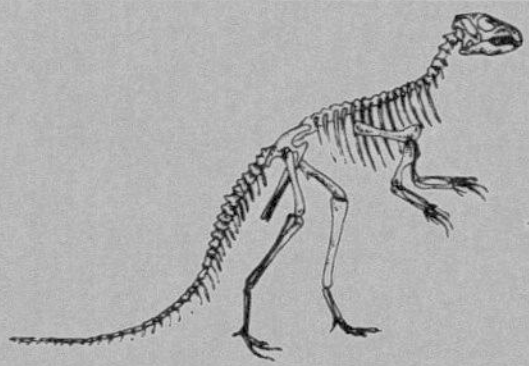

畸齒龍

為最原始的鳥盤類之一。仍保有類似獸腳類的特徵。

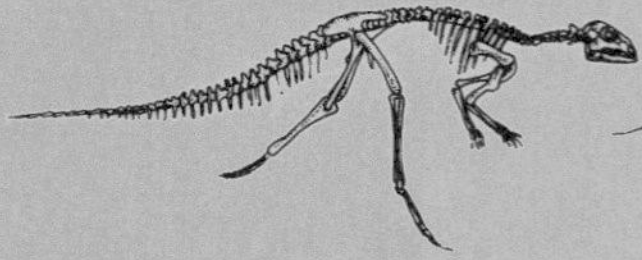

稜齒龍

小型的原始鳥盤類在白堊紀大為繁盛，各地都可以看見其子孫。

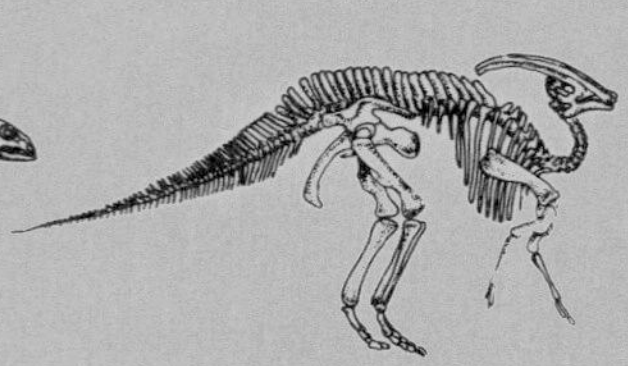

副櫛龍

出現於白堊紀後期的鴨嘴龍類，廣泛分布於世界各地。

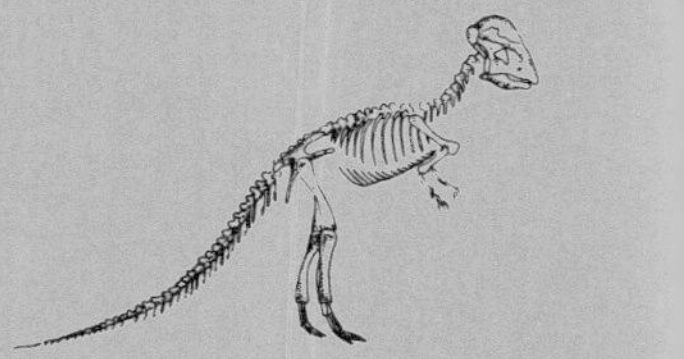

劍角龍

厚頭龍類在白堊紀後期興盛起來後，勢力便擴及世界各地。

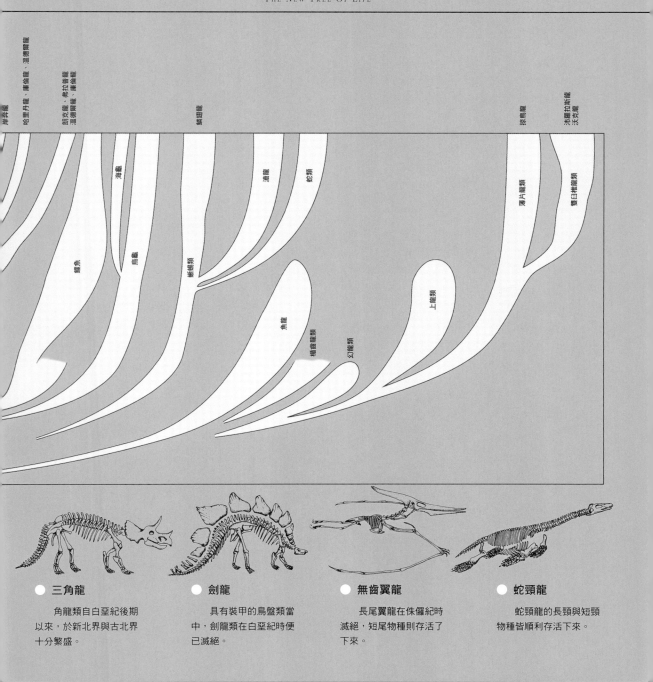

● 三角龍

　角龍類自白堊紀後期以來，於新北界與古北界十分繁盛。

● 劍龍

　具有裝甲的鳥盤類當中，劍龍類在白堊紀時便已滅絕。

● 無齒翼龍

　長尾翼龍在侏儸紀時滅絕，短尾物種則存活了下來。

● 蛇頸龍

　蛇頸龍的長頸與短頸物種皆順利存活下來。

PALAEOGEOGRAPHY

古地理

(THE EVER-CHANGING LANDSCAPE)

不停變化的大陸分布位置

爬蟲類的時代——也就是在整個中生代時，大陸不斷持續分裂著。三疊紀期間，地球上的大陸整合為一，形成了超大陸盤古大陸。進入侏儸紀後，盤古大陸分裂成了北邊的超大陸勞亞大陸，以及南邊的超大陸岡瓦納大陸。

在這個時候，勞亞大陸與岡瓦納大陸之間誕生出巨大的特提斯洋，沿著赤道環繞了地球一周。勞亞大陸與岡瓦納大陸之後仍然持續分裂，形成了今日的大陸分布。

古近紀時，有一條往西的赤道洋流，沿著赤道幾乎環繞世界一周，使得各個大陸的沿岸地區溫暖又濕潤。拜穩定溫暖的氣候所賜，大陸幾乎被濕潤的森林覆蓋著。

當大陸不斷漂移後，原本構成岡瓦納大陸的大陸北移，特提斯洋的範圍變得狹窄。此外，澳大利亞大陸也從南極大陸分離，產生了圍繞著南極大陸的寒流。特提斯洋的縮小導致赤道洋流減弱，在交互作用之下，進入新生代中期後，地球開始寒化。

● **盤古大陸**

　　超大陸盤古大陸形狀最完整的時期為三疊紀。進入侏儸紀後，盤古大陸從中央往南北分裂，北邊成為勞亞大陸，南邊成為岡瓦納大陸。勞亞大陸為現在的北美洲與歐亞大陸；岡瓦納大陸則包含了南美洲、印度、非洲、南極、澳洲。位於勞亞大陸與岡瓦納大陸之間的則是特提斯洋，環繞著兩座大陸的海洋則被稱為盤古大洋。

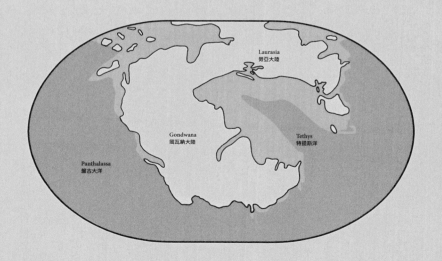

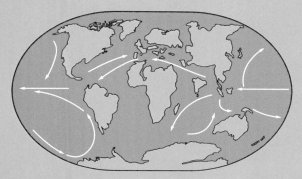

● 古近紀

特提斯洋尚存，赤道洋流往西流動。受到這個洋流的影響，地球整體呈現溫暖氣候。

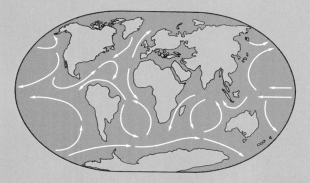

● 新近紀

大陸漂移導致特提斯洋閉合，產生了環繞南極的洋流。產生了各種洋流，每個地區出現了不一樣的氣候。

由於熱帶地區的溫暖洋流與極地的冰冷洋流未曾交融過，因此每個地區的氣候差異變得相當顯著。當冰冷又乾燥的氣候擴及各地後，熱帶森林遂轉變為廣大的草原。因此到了新生代中期，形成了中生代所沒有的全新棲息環境。在這個時候，北極與南極周圍則形成了冰蓋。

接下來直到258萬年前的冰河時代來臨前，地球始終維持著寒冷的環境。自258萬年前開始的冰河時期，則由冰期與間冰期反覆交替，間冰期的期間氣候會變得比較溫暖。

形成現今這個世界的地形的正是大陸漂移。比方說，地球上最大的山脈喜馬拉雅山脈，是印度撞擊歐亞大陸之際，將歐亞大陸的南端連同海洋一起抬升所形成的。

大陸的漂移對生物也帶來莫大的影響。若是大陸漂移至其他氣候區的話，原本生活在那裡的動植物就必須從頭適應新的環境才行。若大陸彼此相連起來的話，原本沒有交流的生物們就得展開生存競爭。思考哪種動物棲息於世界上的哪裡——也就是動物地理時，我們也必須考慮到這些大陸漂移的影響。

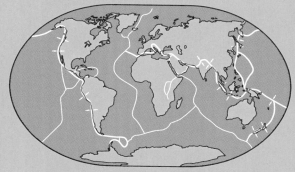

● 現在的板塊運動

覆蓋地球表面的各大板塊相撞之處會形成山脈，引起頻繁的火山活動。

ZOOGEOGRAPHY

動物地理區

(THE WORLD DISTRIBUTION OF ANIMALS)

全世界的動物分布狀況

　　住在同一個大陸的動物，即使棲息的環境南轅北轍，有時卻是血緣相近的類緣關係。牠們在沒那麼遙遠的過去從共同的祖先分支出來，各自適應了全然不同的棲息環境。

　　相反的，即使類緣關係遙遠，生活在相同環境下的生物也經常會演化出非常相似的外觀。儘管彼此的演化過程大相逕庭，但面對同樣的環境，有時也會展現出同樣的適應能力。

　　根據各種動物的演化歷程共通性來進行分類，就

是所謂的動物地理區。某一個動物地理區的動物們，會與其他動物地理區的物種們歷經全然不同的演化。動物地理區的邊界往往是阻礙動物遷移的地形，例如山脈、沙漠或海洋等等。也有些分區之間的邊界並不明確，動物們會在２個動物地理區之間互相來去。

　　衣索比亞界佔了非洲大陸大半的面積。馬達加斯加島雖然屬於衣索比亞界的一部分，但地理位置孤立，故被視為一個小型的動物地理區。

　　古北界主要由歐洲與喜馬拉雅山脈以北的亞洲構

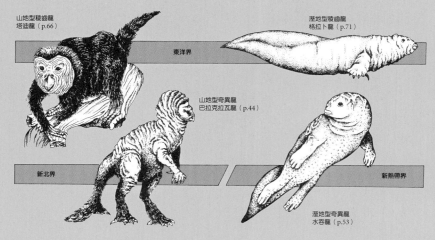

山地型稜齒龍
塔迪龍（p.66）

溼地型稜齒龍
格拉卜龍（p.71）

東洋界

山地型奇異龍
巴拉克拉瓦龍（p.44）

新北界

新熱帶界

溼地型奇異龍
水吞龍（p.53）

● 環境與動物相

　　新北界的巴拉克拉瓦龍與新熱帶界的水吞龍，都是白堊紀末曾經在北美繁盛的奇異龍的子孫。前者適應了山岳地區，後者適應了水中生活。東洋界的塔迪龍和格拉卜龍，是比奇異龍還要更原始的稜齒龍的子孫。

　　雖然塔迪龍長得像巴拉克拉瓦龍、格拉卜龍長得像水吞龍，但這是面對同樣的棲息環境產生相同適應方式的結果。

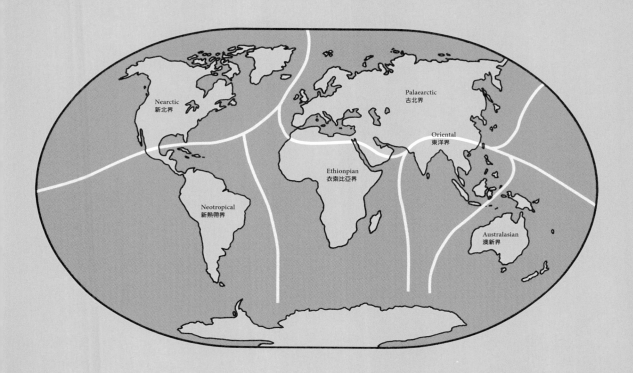

● 動物地理區

　　全世界的陸地，可以依動物相的差異分成6個動物地理區。它們之間的邊界為沙漠或山岳地區、海洋。由於南極大陸不適合生物生存，因此不算在任何一個動物地理區之內。

　　成，並包含了非洲的地中海沿岸。

　　新北界由墨西哥沙漠以北的北美大陸構成。由於白令海峽反覆閉合與開啟，因此新北界與古北界有許多共通點。

　　新熱帶界由南美大陸與中美洲的島嶼群構成。長期處於孤立狀態，但最近與新北界的陸地相連起來，動物相發生了很大的變化。

　　東洋界相當於東南亞至南亞的範圍，喜馬拉雅山脈與西側的沙漠地帶則成了東洋界與其他動物地理區的邊界。

　　澳新界在所有動物地理區中是最為孤立的狀態。該地區從南極大陸分裂之後始終為大陸島環境，可以在這裡看到獨有的動植物。

　　海洋可視為第7個動物地理區。

　　在這本書的世界裡沒有人類存在。當然，現在的地名也理應不存在於這個世界，但為求方便起見，僅借用動物地理區的名稱進行說明。

THE HABITATS

棲息地

赤道森林

The steamy jungles of the equatorial belt　位於赤道輻合帶上的高濕叢林

赤道森林可見於新熱帶界、衣索比亞界、東洋界的赤道一帶、澳新界一隅。由於低氣壓會沿著赤道產生，因此風會不停地從周圍吹入此地，降下大量的雨水。在炎熱又潮濕的氣候下，植物急速成長，形成了廣大的森林。

露生層

樹冠層
樹冠連續

灌木層
樹冠獨立
地被層

● 熱帶雨林

熱帶雨林可根據樹木的高度分為3層。露生層有鳥類與翼龍、樹冠層與灌木層則有許多樹居型恐龍。其他還有一些物種生活在昏暗的地被層。

這樣的環境從中生代開始就有了，所以舊型態的恐龍大為繁盛。由於森林深處的樹木過於茂密不利於活動，因此大型的恐龍會在森林的盡頭或是河川周圍生活。森林中的小型恐龍則是以根、種子、樹木果實為食。

地被層有許多蟲類分布，所以有許多以昆蟲為食的恐龍棲息於此，甚至還有為了吃蟻類或白蟻而特化的物種。

樹居型的恐龍從白堊紀以來便存在，但新生代時出現了虛骨龍類與小型的原始鳥盤類，牠們讓手腳與肩部的結構特化，以適應更高處的樹上生活。

不只如此，從這些物種當中還發展出與白堊紀物種毫無關聯、新種的滑翔性恐龍。這個族群棲息於世界各地的熱帶森林中。由於熱帶的森林擁有豐富多元的食物，因此這些恐龍無須與飛行性鳥類或是翼龍競爭、搶奪食物。

● 鎖骨

獸腳類與鳥類的左右鎖骨融合成1根叉骨。而樹棲龍類則再度演化成2根鎖骨。

(NATURAL ENVIRONMENTS OF THE WORLD)
各式各樣的自然環境

草原

The open plains 開闊的平原

長滿禾本科草類的草原，是比較近期才在地球上廣泛發展的環境。中生代的平原則是被更柔軟的草本植物覆蓋。

● 熱帶稀樹草原

禾草能撐過長期的乾季，即使被吃得所剩無幾也很容易再長出來，在平原上佔有極大的優勢。稀樹草原內寥寥無幾的樹木為長著棘刺的樹木與低矮的灌木。

從赤道來看，熱帶草原呈帶狀分布於熱帶雨林的外側。夏天為雨季，冬天則為乾季。稀樹草原可見於衣索比亞界、新熱帶界、澳新界、一部分的東洋界。溫帶草原則大範圍分布於新北界與古北界，一般可見於內陸的乾燥地區。

在白堊紀後期十分繁盛的大型植食性恐龍，大多都具備非常良好的牙齒結構，能順利咀嚼禾本科的草類，內臟也幾乎能夠直接進行消化處理。不過另一方面，草原上的視野遼闊，變得很容易被捕食者發現。

原本是森林動物的鴨嘴龍類，牙齒的構造維持原貌，不過為了快速奔跑逃離敵人的追擊，牠的腳變得更長。龍腳類也適應了草原環境，不過牠們的身軀本來就龐大得足以與捕食者抗衡，因此體型沒有特別的變化。

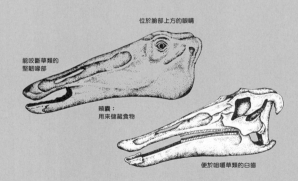

位於臉部上方的眼睛

能咬斷草類的堅韌喙部

頰囊：用來儲藏食物

便於咀嚼草類的臼齒

● 食草機制

短跑龍的眼睛位置比祖先更上方。牙齒則與祖先一樣，會不斷汰舊換新。

沙漠

Hot dry wasteland 乾熱荒野

沙漠還可細分為幾種類型，其中規模最大的是熱帶沙漠。在赤道森林降下大量雨水後變得乾燥的空氣會往地面吹拂，導致此環境的降雨量非常稀少。

大陸性沙漠分布於古北界與新北界這類巨大大陸的內陸地帶，由於不會受到海洋吹來的濕潤海風影響，因此空氣總是十分乾燥。

有時也會在山岳地帶的下風處形成沙漠。因為潮濕的空氣越過山峰之際會全變成雨水，越過山後所吹來的風就會變得相當乾燥。

沙漠的植被貧瘠，環境條件相當惡劣，難以讓動物棲息，因此能作為動物地理區的邊界。棲息於沙漠

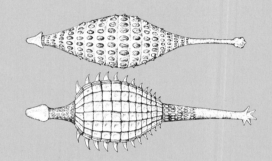

● 儲水絕招

塔蘭特龍（下）與祖先甲龍類（上）不同，能藉由一體成形的裝甲防止水分蒸發。

● 不毛之地

熱帶沙漠的特徵就是因風吹拂所形成的平坦岩石、礫石、硬質黏土、岩鹽，以及不停變動的沙丘。

的生物寥寥無幾，無論種類或是數量都比赤道森林少很多。

要在沙漠生活，必須能將彌足珍貴的食物水分長期儲存於體內。沙漠的動物皆擁有功能極為強大的腎臟，絕不浪費體內的任何一滴水。沙漠的晝夜溫差很大，所以動物們會躲在岩石的陰影處，或挖巢穴來保護自己。

此外，除了作為防身之用外，為了防止體內的水分蒸發，也有很多物種會全身都包覆著厚重裝甲狀的皮膚。

溫帶森林

The habitat with seasons　四季分明的棲息地

溫帶森林分布於熱帶地區與極地之間的中緯度地區。來自極地的寒冷空氣與來自熱帶的熾熱空氣在這個地區交會，兩者的交界處，會隨著季節而每天有所變化。

也因為這樣，這裡的氣候相當不穩定。位於大陸西端緯度比較低的溫帶林，夏季溫暖乾燥，冬天則氣候穩定偏潮濕。東端則是一整年皆維持溫暖濕潤的氣候。愈是高緯度地區愈會受到極地的冷空氣影響，不分冬夏氣候皆很濕潤。

南半球的中緯度地區幾乎都是海洋。因此，溫帶林大部分都分布在新北界與古北界，新熱帶界、衣索比亞界、澳新界則僅有局部分布。

因為有季節變化，所以溫帶林有許多落葉樹。被分解的落葉為土壤帶來了豐富的養分，因此溫帶林的樹下草叢也特別多。

恐龍的代謝率很高，所以體型較大較容易維持體溫的物種，一整年都能夠活動。

另一方面，樹居型的小型恐龍由於體型比較小，體溫很容易下降，因此一部分物種會藉由冬眠來度過冬季。

● 春

從休眠狀態甦醒的植物開始生長。花蕾一齊綻放，進行授粉。

● 夏

植物的生長期，同時也是為了冬季儲備養分的季節。

● 秋

停止生長，結實並散播種子。落葉樹會開始掉落葉子。

● 冬

植物的休眠期間。保存能量等待春天來臨。

寒冷森林

The northern girdle of conifers 北方的針葉林帶

擁有地球上最廣大森林的，是北半球的高緯度地區。這片森林如同環繞著極地一般，呈帶狀綿延在古北界與新北界。

由於氣候極端寒冷，樹木在一整年中只有50～80天的期間能生長發育。大部分的樹木為針葉樹，即使在冬天也不會掉落葉子，因此無需等待萌芽，只要條件齊全便能開始生長。

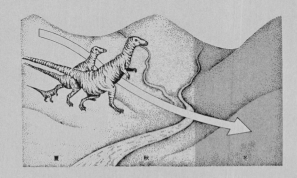

● 進行遷徙的動物們

像松毬龍這類會「長途跋涉」的動物，當開始降雪時就會立刻往南方動身，在溫帶林的河畔生活。

不過，從開花到長出種子需要1年以上的時間。由於葉子不會掉落的緣故，針葉林的土壤很薄，長在樹下的矮草也很稀疏。在新北界與古北界以外的地方，也能在山岳地帶看見小規模的針葉林。南半球的高緯度地區幾乎都是海洋，因此看不到大規模的針葉林帶。

針葉林內的食物相當匱乏，生活在此的少數動物們會各自吃不同的食物，避免與其他物種搶奪食物。小動物在冬天仍會待在針葉林內生活，但冬天時遷徙至較溫暖地區的大型動物也所在多有。

● 針葉森林

針葉林帶的土壤很薄，從橫斷面可看出層狀構造。這是因為會在地面挖洞、擾亂地底狀態的生物很少的緣故。根部有菌類附著，能幫助樹木吸收營養。

凍原

The cold desert 天寒地凍的沙漠

凍原地區宛如環繞著新北界與古北界的冰蓋般分布。此地漫長的冬季與北極同樣寒冷，在短暫的夏季期間，地表的雪與冰會融解。不過，由於地底下的永凍土不會融解，水無法滲透到地下，因此夏季期間會變成溼地。

凍原的植被由低矮的禾草、苔類與地衣構成，與針葉林帶的交界處則有零星樹木分布。凍原的植物能夠生長、繁殖的期間很短，因此許多植物會透過分裂的方式增生。

進入夏季後，不只是植物，蟲類也會一齊來報到，這兩者皆只出現於夏季。鳥類與大型陸地動物在夏天時為了尋求豐富的食物會前來凍原，不過一到冬天就會遷徙至南方。

凍原這種環境是在進入冰河期後才出現的，對恐龍來說也相當嚴峻。就連放棄飛行能力的大型鳥類，一入冬後便會動身前往南方的針葉林帶。

● 凍原的景觀

凍原在夏季的平均氣溫會超過10℃。處處都是浸水的沼澤或湖泊，可看見稀疏的植被分布。

● 季節性遷徙的動物

像長毛駝這類的大型凍原動物，一年到頭都過著漂泊的生活。夏天會在凍原的溼地，冬天則在針葉林帶度過。

水中

The fluid surface of the earth 被水包覆的另一個地表

　　地球表面的3分之2被海洋所覆蓋。海洋大部分為水深4000m上下的海床，雖然有生物存在，相較於淺海卻顯得無比荒涼。

　　大陸並非所有部分皆顯露於地表，相當於尾端的部分會沉入海中。而這個水深比150m淺的部分則稱為大陸棚。

　　在海中，植物能生長的範圍以陽光能抵達的水深100m為極限。海藻會附著於較淺的海底，並在海面附近漂浮。藻類會成為小型動物的食物，大型動物再

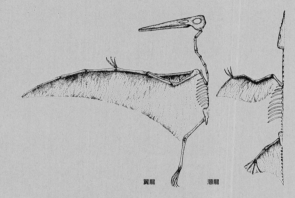

翼龍　　潛龍

● 發展出游泳能力

　　轉變為海生動物的翼龍——潛龍，體型變成水滴狀，翅膀變成了鰭，在透光層捕食魚類生活。

吃掉小型動物。棲息於陽光到達不了的深海之內的生物們，則以沉入海底的屍骸為食。

　　中生代時，有各種分支的爬蟲類接二連三地進軍海洋，然而恐龍卻未發展出太顯著的適應能力，只有一部分的鳥類轉變為海生。這個狀態至今依然，海生爬蟲類的成員自白堊紀末便未曾改變過。

　　為了能在水中生活，必須具備適合游泳的流線型身軀。有許多的海生爬蟲類，都演化成了類似魚類的體型。

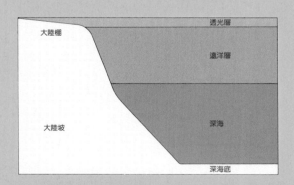

大陸棚　　　透光層

遠洋層

大陸坡　　　深海

深海底

● 海洋的分層結構

　　植物能生長的範圍只限接近海面的透光層而已。遠洋為獵食者的世界，深海生物則以屍骸為食。

空中

The Earth's envelope of gas 環繞著地球的氣體

其實動物一開始並不是為了獲得食物才往空中發展的。飛行原本只是遷徙的手段。

昆蟲是最早進軍空中的陸生動物。而最先在空中飛翔的脊椎動物是存活於二疊紀至三疊紀期間，類似滑翔性蜥蜴的動物。這種動物的肋骨從軀幹的左右兩側突出，包覆著肋骨的膜正好扮演滑翔翼的作用。這種飛法頂多只能在空中滑翔，而非能自由自在地翱翔於天空。

接著出現的翼龍，才成為了真正的天空王者。翼龍的翅膀是由前腳所支撐的強韌膜層形成，並能透過強健的肌肉加以操控，因此牠們能夠自由自在地振翅飛行。

翼龍無論是型態或大小皆十分多元，每個物種的骨頭內部皆為中空，以求輕量化。骨骼看起來纖細卻相當堅固，能確實負擔飛行時所產生的負重。即使在鳥類登場後，翼龍依舊持續繁盛，直至今日仍可看見兩者共存的景象。

滑翔性恐龍的興盛始自於白堊紀，不過現在所能看到的滑翔性恐龍是更近期的物種，其演化的經歷與白堊紀時代的物種完全不同。在熱帶林過著樹居生活的小型恐龍，為了在樹木與樹木之間跳躍移動而演變出滑翔能力。這種演化過程，與最初的滑翔性爬蟲類的進化十分類似。

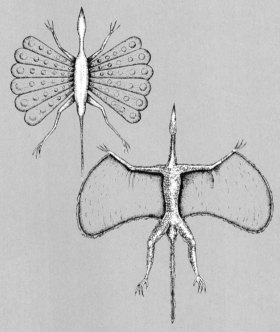

● 發展出飛翔能力

動物們會透過各式各樣的方法在空中滑翔。新熱帶界的鱗翅龍（上）是透過鰭狀的鱗片，東洋界的弗拉里特龍（下）則是利用手臂與身體之間的皮膜。

AFTERWORD

作者後記

(THE SURVIVAL OF DINOSAURS IN LITERATURE)
活在文學世界中的恐龍

6600 萬年前恐龍並未滅絕消失——本書就是以這個單純的前提所構思而成的假想圖鑑。

自 19 世紀初發現恐龍的化石以來，人們不斷發揮想像力創造出未曾絕種消失的恐龍。比方說，查爾斯・狄更斯於 1853 年所發表的作品《荒涼山莊》，開場便描述了倫敦路上的泥濘是斑龍（阿貝力羅德斯龍）走過所留下的。

失落的世界

1864 年，朱爾・凡爾納在他的作品中，確立了一種創作類型。在《地心歷險記》這部作品當中，他描述了中生代的動物仍存活於地底深處的洞穴內的情形。這個洞穴一直延續至海洋，登場人物則目睹了蛇頸龍與魚龍的爭鬥場面。

在這類型的作品當中，最令人饒富興味的，莫過於亞瑟・柯南・道爾於 1912 年發表的作品《失落的世界》。在這本書中，有各式各樣的中生代動物仍存活於南美洲一小塊與世隔絕的台地（有臆測認為是以圭亞那地盾為雛型）。

這部作品於 1926 年被拍成無聲電影，引爆了後續的「恐龍熱潮」。電影版《失落的世界》的恐龍模型製作者們接下來所著手的「怪獸」電影，則是 1933 年的《金剛》。

1930 年代～ 40 年代是紙漿雜誌（Pulp Magazine）——也就是主打淺白通俗的科幻短篇作品雜誌的全盛期。許多短篇作品不過是「失落的世界」的舊瓶裝新酒版，雜誌的封面上經常描繪襲擊年輕女性的恐龍，這種畫簡直千篇一律到令人生厭。這些恐龍的圖都是將著名畫家的作品墊在底下畫出來的，而女性的神態則誇張到不行。

「失落的世界」便像這樣不斷地在各種媒體上出現，而且每個作品的前提都一樣——都是中生代的動物被隔絕在某個腹地狹小的場所，並存活至今日的設定。中非的叢林、撒哈拉沙漠、遠海的孤島、南極火山的火山口、大峽谷，都是經常被描寫成與世隔絕的地點。

這類作品犯了 2 大錯誤。其一為「失落的世界」中所描述的隔絕情況其實並不夠徹底。不僅登場人物能誤入與世隔絕的世界，而且各種時代的動植物全都混雜在一起生活。

比方說，在《地心歷險記》中與蛇頸龍和象類有淵源的乳齒象，以及在《失落的世界》中屬於犰狳同類的雕齒獸，卻與大角鹿和劍龍一起登場。本來，當

有生面孔入侵與世隔絕的地區時，應該會趕走原本存在的動物，並取而代之才是。

另一項大錯則是，「失落的世界」所設定的地點過於狹窄。

許多作品將「與世隔絕的世界」描述為一塊小小的地區，但這個地區用來當作巨大動物的棲息地太過於擁擠。

若是真有這種「失落的世界」存在，在那裡生活的動物應該會因為棲息地狹窄與食物不足而小型化，

就像本書前面所介紹的小阿貝力羅德斯龍與小泰坦巨龍那樣。

無論在何種環境下，若恐龍真的存活至今，應該已經演化成與我們所知的中生代物種截然不同的樣貌了吧。

到頭來，「失落的世界」裡既沒有禽龍，也不會有劍龍存在。

● 《失落的世界》（亞瑟‧柯南‧道爾著）
　　裡登場的劍龍

取自道爾之作《失落的世界》，首位在「失落的世界」裡進行探險的梅布爾‧懷特日記裡所描繪的劍龍素描。

被保存下來的恐龍與其他二三事

我們先前所提到的情節設定都是「恐龍未曾改變過外觀，仍存活於地球某處」。其他還有讓活到現代的恐龍復活的虛擬手法：將恐龍囚禁於冰層或熔岩中，藉由光線照射或核爆的影響使其復活。

在這類故事中，能將恐龍保存數千萬年的環境只不過是一種舞台背景，有沒有可能真實存在並不太受到重視。

這種情境設定，恐怕是受到1952年雷・布萊伯利的短篇作品《霧角》的影響吧——將燈塔所發出的霧笛警報聲誤認為是繁殖對象呼喚聲的恐龍從海底現身。以這個故事為原著所改編而成的電影為《原子怪獸》，並為日後的各種怪獸電影奠定基礎。

麥可・克萊頓於1990年所發表的作品《侏儸紀公園》，以及以此為原著改編而成的系列電影中，採用從化石中取出恐龍的DNA，再利用複製技術讓恐龍復活的手法。從保存於琥珀中的蚊子體內抽取恐龍血液，再從血液中取出DNA。

除此之外，故事中還利用了殘留於化石中的軟組織。以目前的技術而言，我們無法從化石中回收數千萬年前的DNA，就算能做到，DNA的狀態也已經相當劣化，無法完整地修復它。

再說，保存於化石中的蛋白質，是否真為化石主人本身的物質也有待商權。

還有先設定了一顆晚了地球數千萬年、並跟地球完成相同生物演化的行星，然後由人類前往探訪的作品。也有原始人與恐龍共存的故事。這些作品儼然已經不需要考究相關的科學背景。

這個話題就到此打住吧。這已經脫離了本書所探討的主題——有關恐龍生存於現代的可能性。

其實，恐龍現在仍然存活著。

鳥類自侏儸紀中期從恐龍當中的虛骨龍類分支出來後，直到今日仍持續繁衍後代。鳥類看起來與小型肉食恐龍類的祖先大不相同，然而從解剖學、生理學的角度來看，彼此之間的差異只在於是否具備飛行能力這點而已。

鳥類就是特化後的恐龍，牠們之所以能在6600萬年前的大滅絕時死裡逃生，原因無他，正是因為牠們從祖先的型態歷經了極大的轉變。

再說，在鳥類當中能撐過這場大滅絕的，也僅止於一小部分的物種而已。

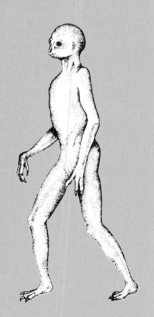

● 智能恐龍？

出自戴爾・羅素筆下，由細爪龍演化成類恐龍人之想像圖。

對於智能的爭議

我們似乎沒有智能便存活不下去。在「失落的世界」中，關鍵在於人類的存在。

無論是在《失落的世界》還是《地心歷險記》，比大角鹿與乳齒象更晚闖入這片天地的人類，也都與恐龍住在一起。回顧人類的歷史時，很難想像人類所形成的群體會顧及其他生活在那的生物，並且能重視生態平衡活下去。

在各種小說或電視節目中，都能看到由恐龍或翼龍等演化而來的智能爬蟲類登場，但這些動物往往被描寫成擁有與人類同等的技術，另一方面卻不具備人類的情感。

變溫動物——也就是所謂的冷血，這類爬蟲類的特徵經常被表現為冷淡、冷酷的性格。這樣的設定在戲劇中是不可或缺的元素。其實，恐龍與翼龍幾乎可以篤定為恆溫動物。

恐龍演化為智能生物的這項構思，是在1982年由加拿大的古生物學家戴爾・羅素所提出。羅素指出，與其他族群的恐龍相較之下，傷齒龍類的細爪龍的大腦佔了身體尺寸很大的比例，是能發展智能的不二之選。

雖然細爪龍為雙足步行的恐龍，但羅素更主張其手部構造適合用來抓取物體。

雙足步行與能夠抓取物體的手部，正是讓猿猴類發展出智能，甚至建構起文明的身體特徵。羅素所說的「類恐龍人（Dinosauroid）」身高1.4m，身體完全直立，有著大大的頭部，整體樣貌就像人類那樣。

先略過這些不談，我們所認為的智能，是否為演化必然的結果呢？如果有某個動物群存活得夠久並有所演化時，我們是否就能認為，牠們會建構出邏輯理論、製作工具、打仗、發展出欣賞藝術的文明呢？

有許多研究者似乎都是這麼認為的。被稱之為SETI —— Search for Extra-Terrestrial Intelligence（搜尋地外文明）的一連串計畫，就試圖接收外星智能生物所發射的電波。這個計畫從最初的嘗試到現在已超過了半世紀，但至今仍未獲得確切的成果。

就連放眼地球，智能也並非演化的最終結果。畢竟地球的生態系在將近40億年的歲月裡，即使沒有智能也能順利地維持運作。

先不論擁有智能究竟是否為演化的終點，就連對生存而言，擁有智能是否是有利的這點都尚未獲得證明。人類的前景還無法看清。

若恐龍持續演化的話，或許真的能發展出智能也說不定。但這種智能應該與人類的智能不同，而是培養出更有效的狩獵技術或是協調性等經過淬煉的動物智慧吧。

若今天恐龍還活著的話，唯一可以確定的是，一切會與我們所知的中生代物種截然不同。但在我們的眼裡看來，牠們應該會與中生代的祖先一樣，是一種奇特、威風凜凜又吸引人的動物吧。令人感傷的是，假如恐龍至今仍活著的話，想一睹其風采的我們應該是不存在的。

INDEX

索 引

● 1～5畫

丁格姆龍...077
刀齒龍...058
三角洲..046,047
三角龍...103
三疊紀...094
叉骨..017,108
大陸漂移...096
小阿貝力羅德斯龍...024
小型鳥盤類......................................071,076,078
小泰坦巨龍...025
山躍龍...045
反芻..019
尤加利樹...079
巴拉克拉瓦龍...044
水吞龍...053
水怪龍...089
火山島..072,083
主龍類...098
北爪龍...042
古北界..026,106
布里凱特龍...030
平行演化...016
平頭龍...029
弗拉里特龍...069
弗拉普龍...019
瓜瓦納龍...076

甲殼龍...056
甲龍類..036,100
白堊紀...094

● 6～10畫

冰河時代...105
冰期..105
安地斯龍...057
衣索比亞大陸...014
衣索比亞界..014,106
似金翅鳥龍...............016,017,020,021,068
似鳥龍..017,049
克拉肯龍...091
快達龍..078,079
沃克龍...089
沙漠..110
沛羅拉斯龍...090
角鼻龍類...100
奇異龍...044
奇翼龍...069
岡瓦納大陸.......014,026,038,050,062,080,104
岸奔龍...083
拉賈潘龍...064
東洋界..062,107
松毬龍...032
板塊..096
空中..115

金克斯龍...033
金普龍...054
長毛貐...034
長喙龍...088,090
長腳龍...049
長鼻龍...057
阿瓦拉慈龍類.................................045,052
阿貝力龍類.....................022,024,059,100
阿貝力羅德斯龍.................................022
阿特拉斯科普柯龍.............................076
阿達龍...033
厚頭龍類.....................................067,100
哈努漢龍...066
哈里丹龍...061
拜倫龍...069
施伏特龍...047
穿山龍.......................................016,052
迪普龍...060
重褶齒蜩...031
食蜂龍...016
食腐動物...059
凍原地帶.................................034,035,113
哺乳類.......................................031,100
埃德蒙頓龍.....................................040
庫力布拉姆龍.................................074
庫倫龍...080
恐爪龍...100
恐龍...098

朗克龍...018
格拉卜龍...071
格魯曼龍...059
泰坦巨龍...023
泰坦巨龍類.................023,056,064,100
海生爬蟲類.....................................098
海洋.....................................084,107,114
特提斯洋.................014,026,084,104
真社會性...028
神龍翼龍.....................................018,019
奢那龍...065
茲維姆獸...031
草原...109
迷惑龍...101
針葉林帶.....................................032,112
馬鬃龍.......................................066,067

● 11～15畫

乾草原...036
副櫛龍.......................................041,102
動物地理區.................................013,106
啄木龍...048
圈套龍...046
寄生蟲...031
彩蛇龍.................................074,075,077
掠食龍.......................................023,025
掠鳥龍...089

蛇頸龍……103
蛇龍……021
袋龍……075
鳥掌翼龍……060,080,081
鳥腳類……100
鳥盤類……033,037,100,108
鳥頸類主龍……098
鳥臀目……098
傘龍……070
勞亞大陸……014,026,038,104
喙頭蜥……080
喜馬拉雅山脈……105
單孔類……098
彭巴草原……050
棘龍類……075
無齒翼龍……103
皖南龍……067
短跑龍……040
結節龍類……036,100
翔龍……086
腔骨龍……100
菊石類……082,091
虛骨龍類……045,077,100,108
裂紋喙龍……078
間冰期……105
傷齒龍類……033,069
塔布龍……079
塔迪龍……067
塔蘭特龍……036
搖擺鷸……035
新北界……038,107
新熱帶界……050,107
椰爪龍……083
溫室效應……097
溫帶……111
溫德爾龍……081
滑翔翼……115
畸齒龍……102
稜齒龍……053,071,102
裝甲龍……036
馳龍類……033
旗竿……040
演化樹……100
蒙大拿角龍……043
蜥鳥龍……046
蜥蜴類……055
蜥臀目……098
銥……096
劍角龍……102
劍龍……100,103
暴龍……059,101
歐亞大陸……105
潛沙龍……020
潛龍……087
熱帶雨林……108
熱帶稀樹草原……109

盤古大洋..083,104
盤古大陸................................013,014,038,096,104

● 16 ～ 20 畫

樹蛇龍...068
樹棲龍類.........................016,017,048,049,054,069,078
樹跳龍...017
樹襲龍...048
澳新界...072,107
獨角龍...043
諾亞龍..058,060,100
鴨嘴龍類.................................030,040,066,109
鴨龍...041
龍腳類.................................023,056,057,100
龍櫛龍...030
戴巴力魯龍...037
翼手龍..047,070,083,086
翼龍..............................080,083,086,087,098,099
薄片龍類...089
薩爾塔龍...057
鎖骨...017,108
雙臼椎龍類...089,090
懶爪龍...042
獸腳類.................................022,033,059,100
蟻龍...028
籃尾龍...036

● 21 ～ 28 畫

鐵頭龍...067
纖手龍..048,054
鱗翅龍...055
鹽都龍................................032,035,037
鑲嵌踝類...098
鱷魚...098
鸚鵡螺...083

FOR LINDSAY

獻給琳賽

新恐龍
如果恐龍沒有滅絕的假想圖鑑

THE NEW DINOSAURS
AN ALTERNATIVE EVOLUTION

2020年8月1日初版第一刷發行

作　　者	道格爾‧狄克森（Dougal Dixon）
譯　　者	陳姍君
編　　輯	邱千容
美術編輯	黃瀞瑢
發 行 人	南部裕
發 行 所	台灣東販股份有限公司
	＜地址＞台北市南京東路4段130號2F-1
	＜電話＞(02)2577-8878
	＜傳真＞(02)2577-8896
	＜網址＞http://www.tohan.com.tw
郵撥帳號	1405049-4
法律顧問	蕭雄淋律師
總 經 銷	聯合發行股份有限公司
	＜電話＞(02)2917-8022

國家圖書館出版品預行編目（CIP）資料

新恐龍:如果恐龍沒有滅絕的假想圖鑑 / 道格爾.狄
　克森(Dougal Dixon)著;陳姍君譯.--初版.--
　臺北市:臺灣東販, 2020.08
　128面; 18.2×21.5公分
　ISBN 978-986-511-411-4（平裝）

　1.爬蟲類 2.通俗性讀物

388.794　　　　　　　　　　　　　　109009100